图书在版编目（CIP）数据

龙兄勇闯古墓 / 纸上魔方著. — 长春:吉林出版集团
股份有限公司，2015.8（2022.9重印）
（地下城数学王国历险记）
ISBN 978-7-5534-4016-3

Ⅰ.①小… Ⅱ.①纸… Ⅲ.①数学－少儿读物
Ⅳ.①O1-49

中国版本图书馆CIP数据核字(2014)第035737号

地下城数学王国历险记
龙兄勇闯古墓 LONG XIONG YONG CHUANG GU MU

著　　者：	纸上魔方	
出版策划：	齐　郁	
项目统筹：	郝秋月	
责任编辑：	徐巧智	
责任校对：	颜　明	
出　　版：	吉林出版集团股份有限公司（www.jlpg.cn）	
	（长春市福祉大路5788号，邮政编码：130118）	
发　　行：	吉林出版集团译文图书经营有限公司	
	（http://shop34896900.taobao.com）	
电　　话：	总编办 0431-81629909　　营销部 0431-81629880/81629881	
印　　刷：	鸿鹄（唐山）印务有限公司	
开　　本：	720mm×1000mm　1/16	
印　　张：	9	
字　　数：	100千字	
版　　次：	2015年8月第1版	
印　　次：	2022年9月第19次印刷	
书　　号：	ISBN 978-7-5534-4016-3	
定　　价：	39.80元	

印装错误请与承印厂联系　　电话：13901378446

主人公介绍

母猫美娜

公猫迪克

猫王波奥

地下城猫王国

公猫伯爵

母猫妮娜

猞猁虫虫

猞猁瑞森

猞猁王莫多

猞猁弗伦

老寿星

托博

穿山甲国

布鲁

媚媚

杰伦克

飞蛾黛拉

鼠小弟洛洛

小青虫苏珊

人面蛾

树上的城堡

大青虫

大盗飞天鼠

海盗桑德拉

海盗军师

海盗卡门

海盗王

海盗们

老海盗王

海盗菲尔

地洞里的动物们

蝲蝲蛄马克

蚰蜒爷爷

蚯蚓大叔

蝲蝲蛄大婶

蜈蚣普里

蚯蚓艾比

目录

CONTENTS

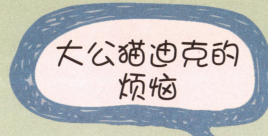

大公猫迪克的烦恼

　地下城猫王国里，大公猫迪克有三天没露面了。自从担任生活总管，它每天忙来忙去不说，还要负责安排各种生活琐事。

　"今年的糕点开销是500个金币。"母猫妮娜说。

　"娱乐费用是100个金币。"母猫伊薇说。

　"修补城墙花费了400个金币！"霸王猫吼道。

　"安排一年一度的美食狂欢节，一共耗费1500个金币。"伯爵说，"虽然这项花销是最多的，但能给地下城所有的动物带来快乐。"

迪克可是一只严谨的猫，每一笔开支它都要再三审查，看到美食狂欢节居然要花费1500个金币，它气得胡子吹了起来。

"去年花了1800个金币。"伯爵说，"而今年才1500个。"

"最重要的是城墙的修缮工作。"迪克说，"如果沼泽怪兽再次入侵，我们都要倒霉。"

"去年城墙的修缮花费是总开销的12%。"伯爵说，"而今年还要多一些。"

迪克眯起眼睛："是吗？"

它可是一只傲慢的猫，不允许自己低声下气地询问伯爵今年城墙的修缮是总开销的百分之多少。

为这件事情，它睡不着，吃不香，在床上翻来滚去，心烦意乱。

"如果不弄清楚这件事，我恐怕就失职了。"大半夜，迪克爬起来，气呼呼地自言自语，"也许被伯爵欺骗了。别看它平时总是不言不语，没准儿肚子里坏水最多。"

为了弄清楚修城墙的花费，它披上衣服，离开宫殿，来到了冷风飕飕的城墙边上，一块一块地摸墙砖，试图通过破碎的墙砖数量，来算出它占总开销的百分比。

这一摸，把迪克的心脏都要吓出来了。

它摸到一只毛茸茸的手。

"谁？"迪克有气无力地吼道。

暗影中逐渐露出一只猫的轮廓："我是祖先铠甲勇士。你在这里干什么？"

迪克支支吾吾，思来想去，觉得把自己弄不懂的事情告诉猫祖先，这没什么丢人现眼的。再说，这件事也不会被别的猫知道。

于是，迪克把自己的烦恼告诉了铠甲勇士。

黑暗中的铠甲勇士说："想要知道修缮城墙占总开销的百分之几，就得知道总开销是多少。"

迪克深深地吸了一口气，感到脸瞬间就红了。自己早该想到这一点啊！它装作早就知道这件事，悄悄用爪子在地上画来画去。

"怎么，有结果了？"铠甲勇士嗓音沙哑地问。

"500+100+400+1500=2500，"迪克边写边算，"一共是2500个金币。"

"你说得没错。"铠甲勇士说。

接下来有很长一段时间的沉默，铠甲勇士在等待迪克说话，而迪克也期盼着铠甲勇士先开口。因为它根本

就不会计算百分比。

　　终于，铠甲勇士看出了迪克的心思，详细地跟它解释了一番："百分比是一种表达比例的方法。如果你想要算出某些数量占总数的百分比，就用这个数量值除以总数，再乘以100%。"铠甲勇士一边说，一边在地上写出：

　　某个数量值占总数的百分比=这个数量值÷总数×100%

　　"我会的！我会的！"迪克有点儿不好意思，但还是逞强地说，"你不说我也知道。现在要算的是修城墙的花费占全年总开销的百分比，所以就是400÷2500×100%=16%。也就是说，今年修城墙的花费占总开销的16%！"

　　"去年修城墙的花费是总开销的12%，而今年是16%，这已经占很大的比例了。"铠甲勇士说，"所修出的城墙一定更坚固，沼泽怪兽是没有办法把城墙推倒钻出来的。"

　　随后，铠甲勇士的黑影子消失在城墙下。

　　此时，迪克低落的情绪突然高涨起来，一到第二天早晨，它就可以去找伯爵，大声地告诉它自己所计算出的百分比。它想，这样就不会再有猫嘲笑它什么也不会了。

　　迪克刚跑进宫殿："铠甲勇士"从城墙后面跳了出来。原来，它并不是猫祖先，而是伯爵，它一向喜欢为别的猫排忧解难。这一次，帮助了迪克，它很是高兴，决定马上回家，等待迪克第二天去找自己。

大嘴蛙的魔镜

"只差一点儿。"蛤蟆老兄盯着大嘴蛙的长颈瓶，小心翼翼地咕哝着，生怕稍微一用力，表哥的实验会再次失败。

大嘴蛙正在试着制作魔镜，有了这面魔镜，它想看到世界上任何新奇的事物，任何一栋存在的城堡，或者任何一只美丽的青蛙，都可以实现。

可是，这并不是普通的青蛙能制作出来的，它进行这项实验已经花了三年的时间了，却没有成功过一次。

仅有的一次，制作出一面镜子，却是可怕的魔

镜，只要朝它看去，里面就会出现邪恶的女巫、蝙蝠与吸血鬼。

大嘴蛙想都不敢想这件事，它害怕自己再次失败。

"我等得胡子都要白了。"大嘴蛙无精打采，"可是那面魔力四射的镜子就是不现身。"

"大嘴蛙，一定是哪里出了问题。"蛤蟆老兄说，"再说，这也是你道听途说得来的魔法，而没有什么根据也许是黄粱梦。"

"闭嘴！"大嘴蛙忍无可忍地吼道，"全是因为你不停地在我耳边吵闹，如果你不在这里捣乱，我早就成功了。"

从这时候起，蛤蟆老兄就不再说一句话了，任大嘴蛙说些什么话，它像石头一样一动不动。

就在蛤蟆老兄得意自己说话算话时，大嘴蛙竟然哭了。

"看来，我是制作不出世界上最神奇的镜子了。"大嘴蛙伤心至极，"也见不到我的妈妈了。它在我很小的时候被洪水冲走，几个月前，我得到它的消息，据说它还活着，并且在遥远的异乡，也在打听我的下落。"

"是真的吗？"蛤蟆老兄张嘴叫，"如果是这样，这面镜子一定要制作出来。"

蛤蟆老兄跳到摆满容器的台子上："一定是你的这些瓶瓶罐罐出了问题。"

"按照流浪艺人告诉我的话，魔力水是魔力精和水的混合溶液，绿宝石的容器中有魔力水320克，浓度为2%；玛瑙石的容器中的魔力水浓度为8%，但流浪艺人不记得具体有多少克了。"大嘴蛙说。

"接下来的步骤呢？"蛤蟆老兄问。

"将玛瑙石容器中的魔力水240克倒入绿宝石的容器中,然后再往玛瑙石容器中加入一定量的清水,使得两个容器中的魔力水重量和浓度相等。"大嘴蛙说。

"可是,我发现这两个瓶子里的魔力水的颜色总是不一致。"蛤蟆老兄说,"说明它们的浓度不一样。"

"我正为这件事苦恼。"大嘴蛙说,"可是,我根本不知道玛瑙石容器中原来浓度为8%的魔力水有多少克。只要弄清楚这一点,那面可以找到妈妈的镜子将会制作成功。"

蛤蟆老兄最有同情心,它决定帮一帮大嘴蛙:"去找金蟾。"

金蟾听了大嘴蛙的诉说,微笑着说:"这其实是一个'浓度问题',只要弄清相关的概念和公式,就会变得很简单。先跟你们解释一下,溶液是由至少两种物质组成的均一、稳定的混合物;溶质,就是溶液中被溶剂溶解的物质;而溶剂,就是溶液中用来溶解溶质的物质。拿盐水来做例子,盐水就是一种溶液,而盐就是溶质,水就是溶剂。"

大嘴蛙说:"您说的道理肯定对,但您还是没有告诉我们,玛瑙石容器中的魔力水有多少克啊!"

金蟾说:"听我讲完啊。我先告诉你第一个公式:溶液的重量×浓度=溶质的重量。想得到你想要的答案,你需要先算出绿宝石容器中的魔力精有多少克。"

大嘴蛙还要问,蛤蟆老兄已经恍然大悟了:"绿宝石容器中就是魔力水溶液。魔力精就是溶质,魔力精的含量=溶液的重量×浓度=320×2%=6.4(克)。绿宝石容器中有6.4克魔力精!"

果然，它们一起去大嘴蛙的家里，从绿宝石容器中提炼出了6.4克的魔力精。

　　"这个公式果然很好用！下面再来算从玛瑙石容器加入绿宝石容器的魔力精有多少克。加入绿宝石的魔力水溶液是240克，浓度是8%，所以其中魔力精的含量=溶液的重量×浓度=240×8%=19.2（克）！"

　　"如果此时两个容器中魔力水重量相等，它们含魔力精多少克？"金蟾老兄问。

　　"这就简单了。"大嘴蛙说，"只要把6.4和19.2相加，得出的25.6克，正是魔力精的含量。"

　　"因为现在两个容器中的魔力水重量和浓度相等，那

么现在玛瑙石容器中魔力精的重量也是25.6克，而玛瑙石容器中魔力精原来的质量也马上就可以算出来。"大嘴蛙说，"25.6克加上19.2克，等于44.8克。"

"那么，玛瑙石容器中原有浓度为8%的魔力水克数为多少呢？"蛤蟆老兄问。

金蟾眨了眨它大大的眼睛，说："下面就告诉你们'浓度问题'中的第二个公式：溶液的重量=溶质的重量÷浓度。现在我们已经知道了玛瑙石容器中的原来魔力精的总克数是44.8克。我们也知道玛瑙石容器中原来的魔力水浓度是8%，所以，溶液的重量=44.8÷8%=560（克）。玛瑙石容器中原有浓度为8%的魔力水560克！"就在说完这句话的同时，大嘴蛙的实验成功了。

一阵白雾中，操作台上的所有瓶子全都不见了，取而代之的是一面镶嵌着金边的镜子。它发出神秘的光辉，里面出现了一只神情伤感的老青蛙。大嘴蛙按照魔镜的指引，很快便找到了自己的妈妈。伤感的老青蛙变成了世界上最快乐的妈妈。

大盗飞天鼠
存金币

　　自从当了赌场的大总管，大盗飞天鼠的神经每天都很紧张，最让它头痛的就是赌场的收入了，多得惊人。

　　"今天收入15000个金币。"飞天鼠说，"我们必须想办法把它带到银行里。"

　　它与鼠小弟把这批金币装进大车里，一直拉到下下城的眼镜蛇的银行里。

　　"跟每天一样，"飞天鼠对眼镜蛇说，"要存五年。因为白鼠老板要游历五年，才能够回到赌场。"

眼镜蛇开始数金币，边数边问飞天鼠："你知道五年后，白鼠老板将会得到多少利息吗？"

别说是五年后，就是五天后，飞天鼠都计算不出来。

但它可不想让眼镜蛇看出来，生怕眼镜蛇从中贪得一点儿小便宜。

为这件事情，飞天鼠寝食难安，这让鼠小弟洛洛的情绪也低落下来。

"我们必须想一个办法，弄清楚这些钱存五年以后，会有多少利息。"飞天鼠说，"要不然，鼠老板回来，会以为是我私吞了这些金币。到时候，茉莉肯定会伤心的。"

"去问问眼镜蛇不就知道了。"鼠小弟说。

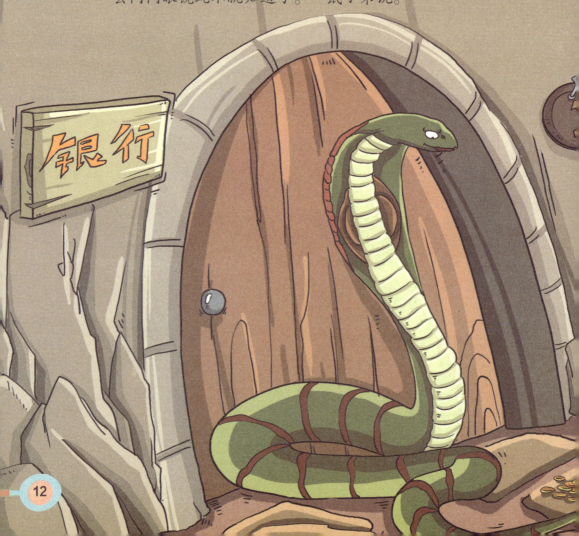

"它也许会跟我们耍花招。"飞天鼠说，"瞧它的眼睛多狡猾。"

第二天，鼠兄弟在送金币的时候，飞天鼠特意问："定期存五年，年利率为多少呢？"

"年利率为5.85%。"多宝笑起来，"怎么，你们想算出存款到期后，鼠老板能获得多少利息？"

它把金币数得叮当响："那么，也算算本利一共是多少吧。"

背着钱袋，鼠兄弟忧心忡忡地离开了。

飞天鼠依旧忙碌着管理赌场，却总是出错。连茉莉也开始为它担忧。

"我们得帮帮它。"茉莉对鼠小弟说，"要知道，不管飞天

鼠怎样，你们都是我的好朋友。"

飞天鼠正在处理一场纠纷，发现茉莉走了过来，连忙露出一脸微笑。

"我有一件事想请教你。"茉莉认真地说。

飞天鼠要茉莉赶快说，它一向喜欢为茉莉排忧解难。

"本金×利率×时间=利息。"茉莉说，"利率指利息占本金的百分之几，那利率是以百分率的形式表示的，对吗？"

飞天鼠恍然大悟，原来这几天琢磨的这件事情，仅仅被茉莉小姐的几句话就说清楚了。同时，它看向茉莉，发现茉莉那双会说话的眼睛在鼓励它。

一定是茉莉有意提醒我的。

飞天鼠深受感动，它决定一定要弄清楚困扰自己的难题。

夜晚，赌场关门后，它坐在空旷的大厅里，还在想着利率的问题。

"本金×利率×时间=利息，一定就是 15000×5.85%×5=4387.5 了。"飞天鼠灵光一闪，惊跳起来："这么说，利息就是4387.5？"

"飞天鼠，你不愧是赌场的大总管。"一直躲在暗处的鼠小弟洛洛走过来假装为飞天鼠送茶水，"只要再加一把劲儿，你就能算出本利是多少了。"

"我已经想出来了。"飞天鼠抓起赌场大厅荧光墙上的告示笔，边写边说，"15000+4387.5=19387.5。这些钱正是本利的金币数。"

　　第二天，飞天鼠与鼠小弟再次扛着金币去下下城的银行时，把自己计算的结果告诉了眼镜蛇。

　　眼镜蛇一脸惊讶，同时朝飞天鼠投来钦佩的目光。

　　"我的白鼠老朋友真是用对人了。"眼镜蛇说，"你说得没错，而且一丁点儿也没有错。希望以后你能为我服务。"

　　飞天鼠不想离开赌场，但它可不是迷恋赌博，而是不想离开好朋友茉莉。在它的努力下，赌场里增设了许多益智小游戏，从而少了许多把衣裤也输光的赌徒了。

森林小屋

　　百脚虫狄西卡、蜈蚣普里与螨虫雷尔在森林里建造了一栋度假小屋。

　　狄西卡除了建造木屋，还要负责三个好朋友的一日三餐。而蜈蚣普里则需要在每天抽一段时间，去他的冷饮店工作。

　　"必须在冬天前建成。"雷尔说，"要不然，我们就无法在森林里欣赏雪景了。"

"可是，我每天都要为你们准备三餐。"狄西卡说，"剩下的时间很有限。"

"我需要去冷饮店工作。"普里说，"要不然，吓人的租金我可付不起。"

三个伙伴坐在一起商量，希望能安排好时间，尽快在冬天到来前把度假小屋建成。

"如果我和普里一起建木屋，需要8天完成。"狄西卡说。

"如果普里和雷尔一起建木屋，需要12天完成。"狄西卡说。

"如果我和雷尔一起建木屋，需要15天完成。"狄西卡说，"现在，我们得计算出，如果我们三个伙伴在一起工作，需要多少天完成。"

"如果完成得快，我们就可以继续忙碌自己的工作了。"雷尔说。

"是啊。"狄西卡说，"到时，我可以帮助你们。"

"可是，我们说的全是两个伙伴一起合作。"雷尔说，"而没有说三个伙伴一起合作，小屋会多久建成。"

"也许是11天。"普里说。

狄西卡摇摇头："我与你一起，才需要8天的时间，三个伙伴一起，怎么会需要11天呢。"

普里又想了想："也许是7天。"

"不能总这样猜来猜去，会耽误时间。"雷尔说。

百脚虫狄西卡请表妹露茜到未建完的森林小屋参观，早就动起了脑筋："依我看，我们每两个在一起建木屋，每次完成八分之一、十二分之一，或十五分之一的时间。用每一天，除以这些时间，再除以2，得到的就是我们建好木屋所需要的时间了。"

"那是多长时间呢？"普里着急地问。

百脚虫在地上爬来爬去："如果列成公式是，工作时间=工作总量÷工作效率，算式是，

$$1 \div [(\frac{1}{8} + \frac{1}{12} + \frac{1}{15}) \div 2]。$$

普里说："这样算，就是 $7\frac{3}{11}$ 天了。"

三个伙伴看到竟可以在这样短的时间内就完成建造木屋的工作，都非常高兴，放下其他的工作，齐心协力建造木屋。七天后，木屋建成了，它们又互相帮助对方完成该干的工作。百脚虫则给表妹露茜写了一封信，邀请它到新建好的木屋里做客。

河堤上的金狮子

　　龙兄弟想要把地下城的河堤修建一番，以免河水泛滥的时候，再次让岸上的居民受到灾害。

　　它们购置好材料，正准备施工时，遇到了难题。

　　"我们不能随着自己的性子来。"黑龙凯西说，"河堤的石栏上需要的金狮子，得每隔10米建一个。如果买多了，会浪费，但如果买少了的话，我们还得不远万里再去狮子狗的金铺一趟。"

　　"你是说，提前计算好地下河的长度？"黄龙犹利叫道，"这简直是在做梦。地下河长无边际，连我们的祖先都没有计算出来过。"

　　"只有这一个办法。"凯西说，"要不然，我们其他的工程会进展得很慢。"

　　两兄弟开始测量地下河的长度，它们整整测量了几天几夜，还没有测量完地下河的三分之一河段。

　　"再这样下去，我们到明年也建不完河堤。"犹利说，"这真是一个笨方法。"

　　这时候，河面上传来一首古老的歌谣，原来是鼹鼠奶奶划着大茶杯船去地下城购买古老的香料。

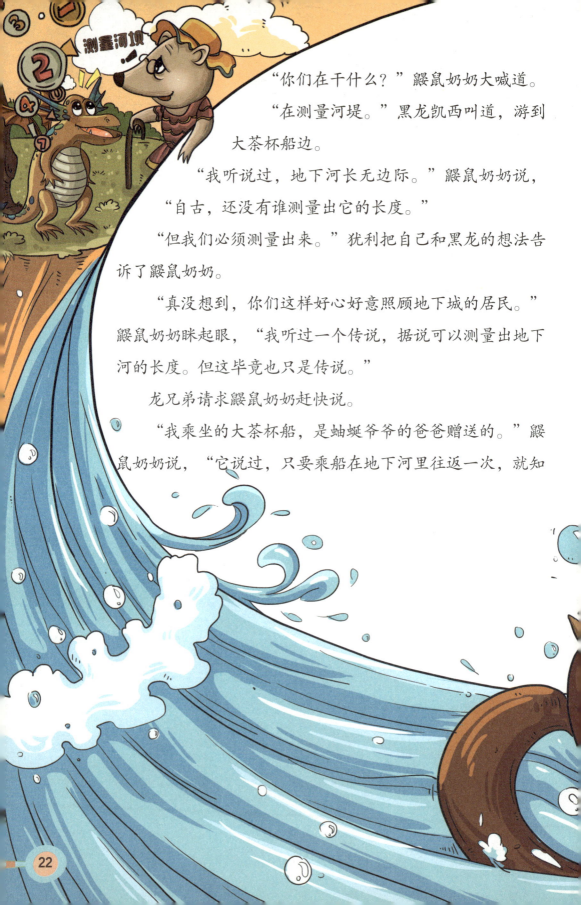

"你们在干什么？"鼹鼠奶奶大喊道。

"在测量河堤。"黑龙凯西叫道，游到大茶杯船边。

"我听说过，地下河长无边际。"鼹鼠奶奶说，"自古，还没有谁测量出它的长度。"

"但我们必须测量出来。"犹利把自己和黑龙的想法告诉了鼹鼠奶奶。

"真没想到，你们这样好心好意照顾地下城的居民。"鼹鼠奶奶眯起眼，"我听过一个传说，据说可以测量出地下河的长度。但这毕竟也只是传说。"

龙兄弟请求鼹鼠奶奶赶快说。

"我乘坐的大茶杯船，是蚰蜒爷爷的爸爸赠送的。"鼹鼠奶奶说，"它说过，只要乘船在地下河里往返一次，就知

道它有多长了。"

　　龙兄弟早就听说过大名鼎鼎的老蚰蜒，它是地下城里最有智慧的长者，并且把自己的智慧传授给了蚰蜒爷爷。

　　"只要试一试，"鼹鼠奶奶说，"就会知道答案了。"

　　鼹鼠奶奶上了岸，去猫城购买古老的香料。

　　兄弟俩乘着大茶杯船顺流而下。在到达终点后，它们又让它往回返，等到达地下河的出口，龙兄弟又把大茶杯船带到了猫城的入口。

　　"怎么样？"鼹鼠奶奶上了船。

　　"好像有点儿眉目了。"凯西说，"大茶杯船从地下河的入口驶往地下河的出口，顺水航行每小时行35千米，从出口返回

的时候因为是逆水，每小时航行28千米。往返所用的时间是18小时。"

"但仅仅是这些，"犹利有些失望，"根本没计算出地下河长究竟多少米。"

妮娜送鼹鼠奶奶到地下河口，它对龙兄弟说："想要弄清楚地下河有多长，就要先清楚路程、时间和速度之间的关系式。"

"我认为，速度×时间＝路程。"凯西说。

"路程÷时间＝速度。"犹利说。

"路程÷速度＝时间。"凯西说。

凯西接着又想起蚰蜒爷爷曾经说过的话："船在逆水、顺水、静水中的航行速度和水流速度之间的还存在着相应关系。"

时间 速度 路程

"是说顺水时，船的行进速度＝船速＋水流速度？"犹利叫道。

"你说得没错。"妮娜说，"还有逆水时，船的行进速度＝船速－水流速度。水流速度＝（顺水速度－逆水速度）÷2。"

"静水速度＝（顺水速度＋逆水速度）÷2。"凯西说。

犹利是最不喜欢思考的家伙了，但通过两个家伙的谈话，它心中有了主意。"顺水速度∶逆水速度＝35∶28＝5∶4，那么顺水行驶的时间就占总行驶时间的 $\frac{4}{5+4}$，即 $\frac{4}{9}$。"

"往返总共用去了18小时，所以去的时候用去的时间为，$18×\frac{4}{9}=8$（小时）。"凯西叫道。

"这样就好算啦。"犹利跳起来，"地下河道入口和地下河道出口相距：35×8=280（千米）。"

龙兄弟高高兴兴地去买金狮子，通过它们的勤劳与努力，地下河道的堤岸很快就修建好了。猫城、猞猁城和下下城里的动物们，每天都要跑到河堤玩耍。为了感谢龙兄弟，它们特意塑了两条石龙。

当夜晚来临，石龙的两颗宝石眼睛闪烁起来，就好像真的复活了，在地下城的河道里巡河呢。

大青虫的叶子飞行器

"我实在厌倦了这样的生活。"大青虫无精打采地趴在小屋里，已经有三天没出门了。

"为什么不去森林里转一转？"小青虫苏珊很为哥哥担忧。

大青虫耸耸肩膀："每天都是那一片地方，我早就转够了。我受够了这样的日子。"

苏珊很想让哥哥快乐起来，可是却想不到什么好办法。

正当它想转身爬出去时，大青虫从它身边挤了出去。

　　"我想到了。"大青虫欢快地说，"我可以用我吐出的丝，制造一辆叶子飞行器。到时候，我想欣赏什么美景，都可以欣赏到，哪怕是飘到大洋彼岸的亚马孙雨林也不成问题。"

　　大青虫说干就干，很快就制造出一辆叶子飞行器。

　　它整日驾驶这辆飞行器在森林里转悠，日子甭提多快乐了。

　　一天晚上，大青虫连蹦带跳地闯进屋："苏珊，我收到一封信，百脚虫狄西卡的表妹要到森林里做客。它要我去大洋彼岸接露茜。"

　　"不行。"苏珊连忙摇头，"你会掉进海里淹死的。"

　　"放心吧，我去的时候是顺风，10个小时就可以到，我在那里玩上一周后，就和露茜一起回来。"大青虫不听劝告，驾驶叶子

飞行器飘出了森林。

苏珊整日为哥哥担忧，只要外面狂风发作，电闪雷鸣，它就会一整夜都发抖，害怕哥哥的叶子飞行器会被吹到海里去。

就这样一个星期过去了，大青虫还没有现身。

"谁？谁在哭？谁被淹死了？"人面蛾这几天心神不宁，来到小青虫的房子前，它才意识到肯定发生了什么大事，急急忙忙地闯进来。

苏珊把哥哥的境况告诉了人面蛾。

"想要弄清楚你哥哥什么时候回来，你恐怕还得制造一辆和你哥哥一样的叶子飞行器。"人面蛾出主意。

苏珊马不停蹄地工作，叶子飞行器制造出来了。

人面蛾坐在副驾驶座："开启吧。我们先测一测顺风时的时速和逆风时的时速吧，到时就可以判断出你哥哥会在哪一天回来了。"

苏珊驾驶着叶子飞行器，顺风行驶了12千米后，又逆风行驶了6千米。

它们又试了一次，这次它们顺风行驶了18千米，逆风行驶了3千米。

"真糟糕。"苏珊难过地说，"我还是不知道我们顺风和逆风的时速啊。"

"还没那么糟。"人面蛾说，"这两次行驶所用的时间都一样。只要我们算出顺风时飞行器的速度和逆风时的速度的比是多少？就可以知道大青虫的归期。"

小青虫愁眉不展："仅凭这一点，就可以知道吗？"

"当然。"人面蛾说，"在第一次行驶时，顺风行驶了12千米；第二次行驶时，顺风行驶了18千米，比第一次顺风行驶多用了6千米所用的时间。"

　　"第一次逆风行驶比第二次逆风行驶多用了6-3=3（千米）所用的时间。这两次航行所用的时间是相等的。"苏珊惊呼。

　　"也就是说，顺风行驶6千米所用的时间，等于逆风行驶3千米所用的时间。"人面蛾说，"现在，难题就好解决了。"

　　"顺风时飞行器的速度：逆风时飞行器的速度=（18-12）：（6-3）=6:3=2:1。"苏珊兴奋地叫道，"我哥哥去的时候是顺风，用了10个小时，那么它回来时就是逆风……再说它还要在那里玩上一周……我们终于知道答案了。"

　　两个伙伴用这个方法，很快就计算出大青虫的归期。果然，到了那一天，大青虫载着露茜快快乐乐地回到了森林里。

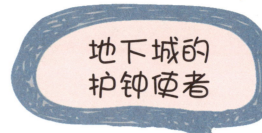

　　狐狸默默与白眉黄鼠狼几乎每隔几天就会在地下城的某一个角落里碰头。它们其实很不愿意见到对方，因为，这时候总让它们想起自己干过的坏事。

　　"胡说。"白眉黄鼠狼瞪起眼睛，抹了一把嘴上偷吃的油，"我是众所周知的好黄鼠狼。"

　　"那我就是人见人爱的狐狸。"默默抖掉沾在身上的糖霜，它吃了个肚子滚圆。

　　它们彼此心中很明白，对方是爱偷东西、不讲信誉的家伙。但也正是因为这一点，它们有一个共同的兴趣。

　　两个家伙不由自主地来到地下城的大钟前。这是猫国里最宝贵的东西，它不仅指引猫，还指引众多地下城里的动物过上有规律的生活。

　　默默趴在大钟下："要是它能塞进我的房子里，我就不会因为睡懒觉而错过地下城里的美食大会了。"

　　"如果把它放到我的花园里，"白眉黄鼠狼叫道，"我所有的亲戚都会对我另眼相看。"

　　两个家伙不由得流出口水，仰头目不转睛地盯着大钟，又把目光看向对方。

"我有一个好办法。"默默说，"我们一起把大钟偷走，我家放上两天，你家放上两天。"

白眉黄鼠狼摇晃着尾巴，几步蹿到大钟上："我们还不知道这个钟多大，能否抬出地下城的城门。"

默默也爬到大钟顶上："这个钟真大啊，也不知咱们住的房子够不够放下它。"

"我听大公猫迪克说过，"白眉黄鼠狼说，"这个钟面直径是5.8米。时针的长度为2.7米。"

"只要我们知道钟面的面积是多少平方米不就行了。"默默说。

"我每天都盯着它，很想知道时针绕一圈时，针尖端走过的长度是多少米。"白眉黄鼠狼感叹着。

两个伙伴化敌为友，整日蹲在大钟前。有猫或者猞猁走过来看时间时，它们就躲进大钟里，等广场上空寂下来，它们再溜出来。

就这么几天下来，它们有了一点儿收获。

白眉黄鼠狼猛地直起了身子："我知道圆形的面积＝πr^2，r指半径。现在我们已经知道了钟面的直径是5.8米，那么钟面的半径则是5.8÷2=2.9（米），所以钟面的面积是：$3.14 \times 2.9^2 = 26.4074$（平方米）！"

"而时针转了一圈时，针尖走过的长度，也就是以时针为半径的圆的周长。圆的周长公式＝$2\pi r$，即$2 \times 3.14 \times 2.7 \approx 17.0$（米）。也就是说，时针绕一圈时，针尖走过的路径长度是17.0米。"默默挠了挠脑袋。

现在，它们算出这个大钟居然这样大，别说抬出地下城，就是原地移动一步也非常艰难，不由得垂下了脑袋。

"看来，我们只能每天瞧它一瞧了。"默默伤感地说。

这场谈话恰巧被母猫妮娜听到了。它发现居然有两个这么爱钟的家伙，立即召来众猫，为它们颁发奖章，并宣布它们为护钟使者。白眉黄鼠狼和默默没想到地下城的居民会这么信任它们，于是，它们再也不动歪脑筋，而是一心一意地守护着大钟，成了真正的护钟使者。

小青蛙的故事书

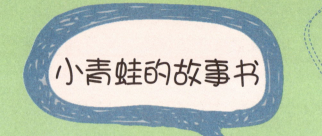

青蛙三姐妹每天都用不同的书搭配着给小青蛙们讲故事，于是它们购买了很多好看的书，其中有不同的故事书6本，不同的连环画8本，不同的漫画书5本。

可是许多书混在一起，它们讲的故事难免有重复的时候，这使34只小青蛙集体抗议。

"每天讲不同的故事。"小青蛙乔乔说。

"可是你们有时候每天都讲同一个故事。"小青蛙安塔说。

三只青蛙妈妈想"痛改前非"，可是由于书太多，它们还是会犯原来的"错误"。小青蛙们更加不满了，它们以不听故事就不学习作为对妈妈们的惩罚。

"得想一个好主意，让它们快乐起来。"青蛙丽莎说。

"每天拿不同的书。"吉莉说，"而我们也确实有许多本书。"

"再不能马马虎虎了。"青蛙蔓达说，"我们的小青蛙长大了。"

青蛙三姐妹把小青蛙送到学校，忙碌了一整天，把荷叶宫殿里翻得乱七八糟，却没有把这些图书分配好。

它们找到了蛤蟆老兄。

蛤蟆老兄最喜欢34只小青蛙，它到达荷叶宫殿时，马上与放学回来的小青蛙做起游戏来。

它先是把6本不同的故事书发给6只小青蛙："告诉我，你们每个拿着1本书，一共可以讲几个不同的故事？"

"6个。"6只小青蛙齐声叫。

蛤蟆老兄又把8本不同的连环画，发给另8只小青蛙："说说，你们可以讲几个故事？"

"讲8个不同的故事。"8只小青蛙七嘴八舌地说。

蛤蟆老兄把5本漫画书，发给了另5只小青蛙："你们手中的书，可以讲几个不同的故事？"

"5个。"所有的小青蛙大声喊。

"这样看来，这些故事书、连环画、漫画书，就分别有6、8、5个不同的故事。"蛤蟆老兄对小青蛙叫道，"你们说对不对？"

别说是小青蛙，就连青蛙三姐妹也跟着点点头。

"这样，我们就可以根据组合的原理来解决这个难题了。"蛤蟆老兄说，"每次拿书可以有不同的组合，那么，就是 6×8×5=240 种拿法了。"

"你是说？"吉莉不敢相信地瞪大眼。

"你每次搭配不同的书。"蛤蟆老兄说，"一共240种不同的拿法。这样，过很多天才会重复一次。小青蛙们就会很高兴听故事了。"

青蛙三姐妹齐声欢呼，并把小青蛙们的玩具送给爱玩的表哥，还为它做了美味的大餐。蛤蟆老兄很高兴，边吃边给小青蛙们讲有趣的故事。

穿山甲们的礼物

春天冰雪消融，穿山甲王托博把果子狸海娜与碧娜送上了小船。

"我一定用最短的时间把下棋比赛的奖品给你们邮寄过去。"托博对两个表妹说。

冬天，下下城里温暖如春，果子狸和穿山甲们都很活跃，它们不仅进行各种娱乐活动，还进行了几场象棋与围棋比赛。

为了感谢表妹与果子狸们陪伴自己，托博准备为它们送上精美的礼物。

众多的果子狸离开后，它开始准备比赛中众多的穿山甲与果子狸应得的礼物。

"来下下城的果子狸，一共有多少只？"托博叫来了穿山甲媚媚与穿山甲杰伦克。

"一共有52只。"杰伦克说。

"其中，参加象棋比赛的有多少只？"托博问。

"有22只。"媚媚说。

"参加围棋比赛的有多少只呢？"托博又问。

"有28只。"杰伦克说。

托博正要叫它们去准备礼物，杰伦克打断了托博的话："可是，其中有13只既参加了象棋比赛又参加了围棋比赛。"

"这样就不好办了。"托博说，"按理说，只要比赛了，就该都有奖品可拿啊。"

"不如，我们先算出只参加象棋比赛的果子狸有多少只，参加两种比赛的一共有多少只果子狸？没有参加比赛的有多少只？"媚媚说。

为了让思路更清楚明白，媚媚画了一张图：

"天哪，这样就非常清楚了。"托博高兴得跳起来，"单看这张图，我们很快就知道，只参加象棋比赛的果子狸有22-13=9（只）。"

"而参加竞赛的共有22+28-13=37（只）。"穿山甲杰伦克说。

"没有参加竞赛的人数为52-37=15（只）。"媚媚说。

穿山甲王托博马上按照这些数字准备了精美的礼物，让邮递员默默送到了草原之乡。

作为感谢，果子狸们也特意为穿山甲们带来了只有草原才有的美味食物。通过这次礼物互送，穿山甲与果子狸的友谊更加深厚了。

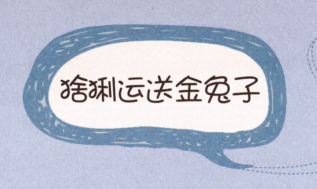

猞猁运送金兔子

多宝最近在大草原上开了一家银行分行，它想要运一批金兔子去草原，请猞猁们帮忙。

由于多宝精通数学，总喜欢在伙伴面前炫耀，今天也不例外："我要运黄金兔与白金兔。黄金兔如果增加10只，那么白金兔占兔子总数的60%。再增加30只白金兔，白金兔占总数的75%——谁都知道猞猁很聪明，你们能计算出我总共有多少只黄金兔与白金兔吗？"

多宝说，由于这批货物太贵重，它必须把它们交给最聪明的押运队。

猞猁王莫多很是生气，它可没对谁这样低声下气过，想转头就走，不接这个任务。

"它说得没错，只有最聪明的押运队，才配得上运送最宝贵的货物。"瑞森叫住莫多，"而我们猞猁确实很有智慧。"

莫多停下脚步："你有办法了？如果想不到好主意，我们就会被多宝羞辱。"

"我认为没那么难。"瑞森拉着莫多走到一个僻静的地方，"你应该想想，增加10只黄金兔，白金兔占兔子总数的60%，也就是说黄金兔占总数的40%。则白金兔是黄金兔的1.5倍。"

"你是说，用60除以40？"莫多叫道。

"当然是这样。"瑞森点点头，"瞧！我们不是轻易算出来了？所以我说，没那么难。"

"但还有后面的呢。"莫多说，"如果再增加30只白金兔，白金兔占总数的75%，那么黄金兔就占总数的25%，白金兔是黄金兔的多少倍呢？"

"是75÷25=3倍。"一旁的虫虫一直在听两个同伴的谈话。

"虫虫，你也算出来了？"莫多惊喜地叫道，"看来，我们猞猁确实都非常有智慧。"

"别急着高兴，后面还有。"瑞森板起脸，"后面是3倍，减去前面的1.5倍，说明又增加了1.5倍。"

"是谁增加了1.5倍？"莫多问。

"说明30只白金兔占原来白金兔的1.5倍。"瑞森说。

"那么，黄金兔到底有多少只？"莫多问，它感到眼前一片暗淡，不相信它们真能解决这个难题。

瑞森也似乎被难住了，犹豫地走来走去，抱着脑袋思考。

"我知道。"虫虫突然开口叫道，"多加上的1.5倍的黄金兔，就相当于黄金兔的数量=30÷1.5=20只。20只减去多加的10只，就是最原始的黄金兔的数量。"

经虫虫这么一说，瑞森也马上叫道："这么说，白金兔的数量，就是20×1.5倍，也就是30只了。"

三个同伴高高兴兴地把这个消息告诉了多宝。

多宝没想到它们这么快就解决了这个难题，不由得投来敬佩的目光，并马上把这个艰巨的运送任务交给了它们。

猞猁们押着黄金兔和白金兔上路了，到达草原时，它们赚了许多金币，并在草原上开心地游览了一番。

地下城修路

地下城里需要修建两条新的街道，猫国、猞猁国和穿山甲国里的所有动物都参加了。

猫国里的大公猫们单独修完，需要12天。

猞猁们单独修完，需要10天的时间。

穿山甲们要是单独修街道的话，则需要15天的时间完成。

为了尽快完工，大公猫们开始行动起来，而猞猁们也不落后，开始修建另一条公路。

"我们可不能闲着。"穿山甲王托博说。

托博带领浩浩荡荡的穿山甲大军，刚开始帮助大公猫们修路。之

后，又帮助狯狚们修路。

在穿山甲们的帮助下，两条街道很快就修完了。

"如果没有托博，我们现在还在修路呢。"猫王波奥很是感动，"而它们生活在地下城的下下城里，很少到外面的街道上来。我们该感谢它。"

这时候，狯狚国里的狯狚们也在感慨。

"多亏了托博和它的穿山甲。"侦探总管瑞森说，"要不然，我们现在还在不分昼夜地挖个不停。"

"穿山甲最会挖洞。"侦探虫虫说，"有它们在，帮我们清理了不少乱石头。"

"可是，"在猫国的宫殿里，大公猫迪克说，"它们没索要半点好处，全都悄无声息地回到了下下城。"

"甚至没喝我们的一杯水。"猞猁国里的莫多愧疚地说。

"一定要弄清楚，它究竟帮助我们修了多少路。"波奥对大公猫们说，"我们一定要感谢它们。"

与此同时，猞猁们也是这个想法。

它们一起来到街道上，回忆着穿山甲们修过的道路。

大公猫与猞猁们开始测量街道，都争着抢着说穿山甲帮助它们干的活儿多。

"先别急。"瑞森说，"我们该想一个好主意。"

"什么好主意？"霸王猫恼火地叫道，它一向不太信任猞猁。

"假如修建一条街道的工作量为1，那么，也就是相当于猫与猞猁和穿山甲共同完成工作量2，所需要的时间是多少？"瑞森问。

霸王猫用爪子挠着地，急得又蹦又跳。

波奥想了一想，说："猫、猞猁与穿山甲，如果单独修路，分别会需要12、10、15天。每天的工作量分别是 $\frac{1}{12}$，$\frac{1}{10}$，$\frac{1}{15}$，用2除以每一天的工作量，就等于所需要的时间了。也就是 $2÷(\frac{1}{12}+\frac{1}{10}+\frac{1}{15})=8$（天）。"

"所以，"瑞森微微一笑，"大公猫在8天可以完成 $\frac{8}{12}$，剩下的需要穿山甲帮助完成，为：$(1-\frac{8}{12})÷\frac{1}{15}=5$（天）。"

"这么说，猞猁们在8天可以完成，剩下的需要穿山甲们帮助完成，为：$(1-\frac{8}{10})÷\frac{1}{15}=3$天？"莫多叫道。

"正是这样。"瑞森说，"帮助猫完成了5天，帮助我们完成了3天。"

算出结果后，猞猁与大公猫们全都消失在街道上，但很快，它们就带上了各式各样的礼物，去下下城拜见穿山甲王托博，它们要好好感谢这个好邻居。

森林里的金钱树

螨虫雷尔一蹦一跳地往家走，听到蚰蜒爷爷的木屋里传来说笑声。它跳到窗台上，往里瞧，惊讶地看到了三只绿毛虫。

"在东边的山谷里有一棵金钱树。"绿毛虫德勒说，"它一觉要睡五百年。"

"中间难得醒一次。"绿毛虫森说，"在每年的8月15日。"

"只有五分钟。"绿毛虫崴斯说，"只要谁回答对它的问题，谁就可以摇一摇金钱树。到时候，树就会开花，然后结出金币。"

德勒流出口水："只要谁摇一摇，树上的金币就全归它。"

蚰蜒爷爷眯眼笑："我看呐，除非是个贪财鬼——我们几个可不会动这个念头。"

"什么问题？"螨虫雷尔忍不住尖声问。

三只绿毛虫以为是蛐蛐爷爷在问话，而螨虫雷尔这时候已藏起来了。

"把一个数的各个位数数字按倒序组成数，叫作这个数的倒序数。比如92的倒序数就是29，235的倒序数是532。"绿毛虫森说，"任意取一个两位数，用它和它的倒序数的和，减去这两个两位数个位的数字和。"

"只要算出正确的结果。"崴斯说，"金钱树就会摇三摇，树下出现一颗绿宝石。把宝石拿起来，对着树说：金钱树，睁开眼，瞧这天空多美丽。"

"金钱树，睁开眼，"德勒说，"不管是晴天，还是下雨天，

它都会接连打三个哈欠。这时候，树就会开花，结出金币。"

三只绿毛虫边说，边打起哈欠，全都睡着了。

蚰蜒爷爷的呼噜最响了。

"这么说，它们四个谁也不会去。"螨虫雷尔心慌慌，连忙赶向百脚虫家。

半个小时后，百脚虫、蜈蚣普里和雷尔全朝森林赶去。到达森林后，它们又花了几天的时间，才找到金钱树。

金钱树上本来落满了雪，但随着似有似无的哈欠声，雪融化了，它变成了绿树，枝叶在一瞬间全冒了出来。

"72，27，你们算算对不对。"金钱树尖声尖气地说。

百脚虫与普里刚要算，被雷尔拦住："算之前，我们要弄清楚，这两个数是什么意思？"

"你在路上跟我们说过了。"普里说，"72是两位数，而27是72的倒序数。"

"把它和它的倒序数的和，减去这两个两位数个位数字的和，"金钱树伸着懒腰，"是多少？"

百脚虫刚要说，雷尔捂住了它的嘴："金钱树五百年醒一次，我们可不能轻举妄动。"

它拿着枝条在泥地上写："72加27等于99。"

"2加7等于9。"普里说。

"99减去9，是90。"雷尔尖叫道，"这真是神奇的数字。"

它们眼睁睁地看到树下出现一颗绿宝石，当雷尔按照绿毛虫们所说的方法做过后，金钱树接连地打哈欠，并开花，结出满树的金币。

三个伙伴吓得大气也不敢喘，派出大力士百脚虫摇晃金钱树。

哗啦啦，满树的金币落到地上，三个伙伴收起金币，向早已熟睡的金钱树鞠了一躬，满载而归地返回到地下城。为了感谢蚰蜒爷爷，它们为爷爷又端茶，又倒水，还买了许多小零食。别看爷爷什么也不说，它早就发现了三个伙伴的小秘密。

鼹鼠的手表

"我的手表现在是下午1点11分。"鼹鼠克蒂斯看了一眼手表，得意地说。

"嘿。"墨镜鼹鼠叫道，"我的是下午1点零7分。"

形影不离的两个好朋友，最近买了两块同样的手表。刚开始它们很高兴，可是时间长了，它们发现这两块表有问题。

"我们的表从来也没有一样的时间。"克蒂斯说。

"是啊。"墨镜鼹鼠挠着耳朵，"每次把时间调到一致，用不了多一会儿，又会变成现在这个样子。"

它们拿着手表去请教钟表店的老板。

老板从厚厚的镜片中盯着两个好朋友："一个是快表，一个是慢表。一定是里面的某一个零部件出了问题。摘下来，我好好修理它。一个星期以后再来取走。"

两个好朋友掯住了手腕。

"不。"克蒂斯叫道，"下午是布兰奇的生日。它约我们去森林里野餐。它还没有见过我们的手表呢。"

"必须给它们瞧瞧。"墨镜鼹鼠一想到自己居然有手表，心里美滋滋的，"手表只有在我们老师的历史课本里才出现过。自古以来，鼹鼠从来也买不起这样的奢侈品。"

两个好朋友离开钟表店，并告诉店老板，一旦参加完森林里的野餐会，它

们就会把表送来。

克蒂斯与墨镜鼹鼠来到森林里，两个伙伴太高兴，竟然忘记野餐会的地点了。它们在森林里走了很长时间，发现自己迷路了。

"我们戴着新手表，一定要参加野餐会。"墨镜鼹鼠叫道，"布兰奇说了，10点钟正式开始。"

它们紧紧地抱着自己准备的生日礼物，快马加鞭地在森林里蹦蹿。很长时间过去了，直到一道光刺中克蒂斯的眼，它大叫一声不好。

"我的表现在10点钟了。"克蒂斯叫道，"布兰奇说了，10点钟野餐会准时开始。"

"别急，"墨镜鼹鼠看了一眼手表，"我的表才9点钟。"

"可是，我的表每小时比标准时间只快1分钟，"克蒂斯叫道，"你的却比标准时间慢上3分钟。"

这一说，两只鼹鼠全都吓坏了。它们漫无目的地在森林里奔跑，却没有找到布兰奇。它们跌坐在草地上，背靠背，开始抹眼泪。

"别灰心。"克蒂斯又跳起来，"我们现在必须弄清楚，现在是几点钟。即便野餐开始了，我们也可以赶过去。"

墨镜鼹鼠也跳起来："我们该怎么把标准时间算出来？"

"我的快1分钟，你的慢3分钟。"克蒂斯说，"加起来正好是4分钟。"

"我们要算出多少个超出或减慢的4分钟呢？"墨镜鼹鼠着急地问。

"当两块手表的时间相差一个小时，即60分钟时，快表经过

的时间是 60÷4＝15（个），快表15小时比标准时间快了15分钟。克蒂斯说。

它看了一眼手表："我的手表显示是上午10点。减去15分钟，就是9点45分。"

两只鼹鼠破涕为笑，正要去寻找布兰奇与蒂丝，忽然听到了它们的呼唤声。原来，两只鼹鼠就在附近等着它们。四只小鼹鼠互相分享了礼物，布兰奇与蒂丝不停地赞美手表，克蒂斯与墨镜鼹鼠笑得连嘴也合不上了。

大嘴蛙的自动云梯

　　流浪艺人大嘴蛙神通广大，它在遥远的异乡带回一架自动云梯，自动云梯可以载人自动上升。梯子直插云霄，上到顶端可以欣赏日落日出，看风起云涌。

　　坐一次自动云梯，需要买一张门票。这张门票卖得也不贵，只需要一个金币，所以，地下城里所有的动物都没有落下，都来登这神奇的云梯，连没牙的老猫罗浮都来了。

　　大嘴蛙为此发了一大笔财，这惹来猫国里的大公猫们的不满。

　　"你占了我们的地盘。"迪克叫道，"该交占地税。"

"我只占了城墙的一角。"大嘴蛙见自己说漏了嘴，只得自认倒霉，"要交多少金币？"

"有多少阶梯，你就得付多少个。"大公猫迪克边说，边数云梯的阶数。

聪明的大嘴蛙怎么会让迪克数呢。它使了一股喷气的魔术，顿时，云梯被云雾笼罩，别说数，就连看都看不清楚了。

这可把迪克气坏了，它刚要扑上去，被伯爵拦住："要我说，想要知道这个梯子有多少阶梯并不难。爬一爬就知道了。"

"天哪。"迪克吼道，"我可不想白白浪费金币。"

迪克虽然这么说，也想去见识一下云梯，它极不情愿地支付

了两个金币，和伯爵登上了云梯。

由于急于看云梯顶端的风景，它们根本顾不上数阶梯的梯数。

"下来再数也一样。"迪克叫道，"赶快爬上去看看。"

两个家伙你争我赶，迪克每1秒钟向上走2级，伯爵则每2秒钟向上走3级。

到达云梯顶端，迪克叫道："嘿，我居然用40秒就到达顶层了。"

"我用了50秒。"伯爵说。

两只猫尽情地欣赏着天堂般的美景。正当它们想下去时，大嘴蛙不知念了句什么咒语，梯子突然变成一条直线，它们好像坐在滑梯里一样，滑到了云梯下面的地下河里。

迪克气得又是抓，又是挠，就是爬不上云梯。

"不付费，谁也别想上来。"

"我看，事情不像你想的那样糟。"伯爵安慰迪克，"记得你用多长时间爬到云梯顶吗？"

"那还用说，我用40秒，你用50秒。"迪克叫道。

"你每1秒向上走2级，"伯爵说，"而我每2秒钟则走3级。"

"我不明白你为什么这样啰唆。"迪克瞪起眼睛。

伯爵却不生气："设每秒钟自动扶梯上升x级，那么扶梯的长度等于你在40秒钟走过的$2 \times 40 = 80$级，再加上自动扶梯上升的40x级，也等于我50秒钟走过的$50 \div 2 \times 3 = 75$级再加上自动扶梯上升的50x级。"

迪克惊叫："真有你的！这么说，可以列出等式：

$2 \times 40 + 40x = 50 \div 2 \times 3 + 50x$。"

"是啊。"伯爵说，"计算的结果是x=0.5。"

"所以，天梯共有2×40+40×0.5=100。"迪克叫道，"也就是100级阶梯？"

它乐得又叫又跳，连忙找到了大嘴蛙。

大嘴蛙虽然很狡猾，却也很讲信用。

它听说迪克居然准确地猜出云梯的阶梯数，不情愿地付了100个金币。迪克可不是一只贪财的猫，自从有了这些金币，它每天上上下下，还邀请来许多好朋友，不停地登云梯，欣赏云景与日出日落。

刺猬兄妹与神奇蘑菇

有好奇心可不是一件好事，自从刺猬布鲁去了一趟不老林，它吃不香，睡不着，连做梦的时候想的都是这件事情。

"有一个三位数，用它除以3，余数是1；用它除以5，余数是2；用它除以7，余数是4。那么，符合这些条件的最小的三位数是多少？"布鲁在睡梦中，也不停地重复这些话。

"哥哥，你醒醒。"小刺猬贝雅摇醒了哥哥。

布鲁从柔软的吊床中伸出脑袋："都怪我。如果不那么好奇，就不会知道这个秘密。也就不会寝食难安了。"

"你说的究竟是什么？"贝雅问。

布鲁告诉了妹妹它的经历。那天，它去不老林，在一栋蘑菇房子里，看到了两个虫幽灵。虫幽灵说第二年收成好，森林里可以长出许多蘑菇。至于蘑菇的数量，只要谁猜对上面的答案，就可以知道那三位数的蘑菇数量。

"只是蘑菇，"贝雅说，"森林里想要多少，就有多少。"

"这可不是普通的蘑菇，"布鲁说，"是虫幽灵喜欢吃的。把它们扔到汤里，想要鸡肉的味道，就有鸡肉的味道，想要草莓的味道，就有草莓的味道。而且，只要喝了蘑菇汤，想长高，想

变漂亮，都能实现。"

贝雅呆呆地盯着布鲁，思绪却不知飘到哪里去了。它一直渴望自己再高一点，胖一点，美丽一点。

"哥哥，求你，一定要弄清楚究竟是哪三位数。"贝雅说。

兄妹俩在半夜里走到地下城的入口，盯着苍白的月光，你一句，我一句，不停地猜来猜去。

"再不去就来不及了。"布鲁说，"虫幽灵说过，蘑菇在今天凌晨就要生长出来了。只要喊，'嘿，多少多少个，蘑菇，我知道你们藏在哪里了，快现身吧'，它们就会出来。"

兄妹俩风餐露宿，连夜赶到了森林里。

一路上，贝雅采了许多野花和普通的小蘑菇。

贝雅边采花，边说："哥哥，你瞧，除以3余数是1，除以5余

数是2的最小的数是22。3和5的最小公倍数是15，所以满足这两个条件的数是22，37，52，67，82……"

贝雅把蘑菇与野花分别分了好几堆，布鲁的眼前生动地出现了这几个数字。

"67÷7=9，余数是4，所以满足题目中三个条件的最小数是67。3，5，7的最小公倍数是105，这样符合条件的数有172，277，382……"布鲁惊叫道。

它的脸色惨白，不敢相信自己居然知道了神奇蘑菇的数量。

性格恬静的贝雅轻声说："符合虫幽灵所说的条件的最小的三位数正是172。我们赶快行动吧。"

兄妹俩大喊出神奇蘑菇的数量，它们果真冒出来了。它们背着蘑菇回到家，分给了地下城里所有的动物，大家夸奖它们是最慷慨的刺猬。

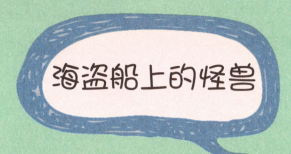

海盗船上的怪兽

只要水中传来怪物的吼叫，船上的豚鼠海盗们就吓得浑身发抖。

老海盗王游历多年，不仅知道世界上什么地方有财宝，还知道哪些地方有可怕的怪兽。在它的带领下，海盗们打开了通向西太平洋底的石门，放出鱼身长着四肢的怪兽缪司。

海盗统领桑德拉与卡门根本没想到缪司居然会吃豚鼠海盗。事实上，它在饥饿的时候，连礁石都会嚼在嘴里。

"再这样下去，海盗船也得被它吃掉。"海盗王胆战心惊，"得想一个办法把它赶走。"

豚鼠海盗们试着往海里扔臭鸡蛋，扔各种腐烂的食物，可是它们全被缪司吸到了嘴里。它不但没死，身体反而更强壮了。

老海盗王摇摇头："世界上存在的东西，哪怕是炸药它吃进肚子里也没事。唯一能制服它的办法，就是建一座地宫。"

"说清楚。"海盗军师叫道。

"这种地宫可以建在很深的水底。"老海盗王说，"它并不是用石头，而是用乌木制作的。但想要建起地宫，可大有学问，必须挑选长度为6.2米的乌木，还得将它截成每根长分别为0.8米和0.6米的两种规格的木段。"

"为什么？"桑德拉不解地问。

"因为这样，才会有魔力啊。"老海盗王说，"这是章鱼精传授给我的。"

海盗们说行动就行动，它们兵分几路，不仅找来乌木，还买到锯子。

正当海盗们开始忙碌时，灾难发生了。

缪司居然把船的一半给吞进了肚子里。

"再这样下去，整个船都没了。"卡门叫道，"我们必须找几种不同的锯法，这样就可以好几个海盗一起行动，一次可以锯好几根，尽快建好地宫。"

聪明的海盗军师想到了一个妙主意："现在，我们还不知道两种规格的木头有几段，那么，0.8米长的x段，0.6米长的y段。"

卡门测量出0.8米的长度，又测量出0.6米的长度："我根本不知你说的x和y分别是多少段，还是赶快干活儿为妙。"

桑德拉转动着脑筋："x段0.8米长的木头，加上y段0.6米长的木头，正好是一根6.2米长的乌木。"

"你说得没错，"海盗军师眨眨眼，"这个算式也可以变成y=(6.2−0.8x)÷0.6。"

海盗军师突然趴到地上，它身上站着海盗王："天哪！真是让人意想不到，连锯木头都有这么多种方法。按海盗军师的计算，那么，答案就有两种。一种是x=7，y=1。也就是，0.8米的可以分为7段，0.6米的可以分为1段。"

"另一种是x=4，y=5。0.8米的分为4段，0.6米的分为5段。"海盗军师不服气地叫道。

这一次，难题解决了。

海盗们飞快地在乌木上画着线，不到一天的工夫，众多的海盗齐心协力，把所有的木头全都锯完了。两天后，它们已经把海

底的地宫建成。

聪明的老海盗王引诱着缪司，一直把它骗到了地宫的入口。当怪兽知道它已经上当时，成功的海盗们早就修好海盗船，坐在魔法餐桌前开始盛大的宴会了。

艾比为爸爸过生日

"我爸爸今年至少有20多岁了。"蚯蚓艾比说。

蝲蝲蛄马克说:"我妈妈也差不多这个年纪。"

"我知道老猫罗浮和它们的年纪也相仿。"艾比说。

"还有蛐蜓爷爷。"马克说,"它的年纪是最大的。"

"再过几天爸爸就要过生日了。"艾比说,"我们不如举办一场生日宴会,把它们都请到。"

"可是,准备蛋糕的时候,我们可不能插错蜡烛啊。"马克说,"现在去问问它们的年纪吧。"

两个好伙伴找到蚯蚓大叔与蝲蝲蛄大婶,听说孩子们要为它们过生日,它们非常高兴。

"那么,告诉我们你的年纪吧。"艾比对爸爸说。

蚯蚓大叔与蝲蝲蛄大婶相视而笑,它们决定考一考孩子们。

"我们四个,平均年龄为32岁。而且,其中没有小于25岁的。"蚯蚓大叔说,"在告诉你们真实年龄之前,就请你们动一动脑筋。通过我们告诉你们的信息,你们知道的蛐蜓爷爷年龄最大可能达到多少岁吗?"

"我猜,一定有40多岁了。"艾比说。

"也许快到50岁。"马克说。

"不能猜来猜去。"蚯蚓大叔说，"好好想，就会知道结果。"

它们看向蝲蝲蛄大婶，想让它说出答案。蝲蝲蛄大婶似乎有意隐瞒，正忙着织它的花裙子。

两个好伙伴只好自己想主意。

"爸爸的生日马上就到了，我们赶快去订蛋糕。"艾比来到面包店，买了四个蛋糕。

"买多少支蜡烛呢？"鼹鼠奶奶问。

艾比与马克犯了难，它们决定去问罗浮。

罗浮听说要请它，脸上老态龙钟的表情不见了："现在可不能告诉你们，我可是知道蚯蚓大叔的良苦用心。"

艾比与马克找到蛐蛐爷爷。

蛐蛐爷爷也接连摇头："罗浮说得对，你们得自己想办法。"

两个伙伴没有问出答案，不禁垂头丧气，无精打采。

四个蛋糕取回来，生日宴会马上就要到了，艾比急得连觉也睡不着了。半夜，它睁开眼，目光落到了蛋糕上。

"四个蛋糕代表四个老寿星。"艾比眼前一亮，"四个老寿星的平均年龄是32岁，也就是说，它们四个的年龄之和就是32×4=128岁。"

它连鞋也顾不得穿，急忙忙地找到马克。

"这只是四个老寿星的平均年龄的总和。"马克说，"我们还是不知道蛐蛐爷爷有多少岁。"

"128岁，也就是四个老寿星加在一起的年龄了。"

艾比说，"那么，四个老寿星中没有小于25岁的，说明最小为25岁，为了使蚰蜒爷爷的年龄最大，那么，其他人的年龄必须最小，如果三个老寿星的年龄最小都是25岁。那么，蚰蜒爷爷的年龄就能达到最大值。"

马克好像明白了，它跳起来，穿着睡衣在地上跳来跳去："3个25岁，就是75岁了。"

"用128岁，减去75岁，正好是53岁。"艾比叫道，"这很可能就是蚰蜒爷爷的年纪。"

马克与艾比在天刚亮时，连忙跑到面包店，买了足够多的蜡烛时。在生日宴会那一天，当它们把四个大蛋糕推出来，看到上面的蜡烛时，四个老寿星全笑了。原来，两个小家伙计算的年龄一丁点儿也没有错，蚰蜒爷爷确实已经53岁高龄了，而另外三个，全是25岁。

它们不停地夸奖马克与艾比，这真是一个愉快的生日宴会。

钱袋里的妖怪

迪克每个星期都要乘坐地铁去它的主人家里。每一次都会带回许多猫粮，还有美味的食物。这一天，也是众多的大公猫们最期盼的一天了，就连矜持的小母猫们也露出迫不及待的神色。

这一次，迪克竟然脸色惨白，空手而归。

"发生了什么意外？"猫王波奥轻声问。

众多的猫全都神经紧张，连大气也不敢喘，因为有史以来，这是迪克第一次空手而归。

"我把它们扔掉了。"迪克的脸色越来越白。

猫国里的猫们全都沸腾起来，但正当它们想要争吵，想要发火，想要质问的时候，迪克不声不响地从身后抽出三个绣有古老花纹的钱袋。

"这是我在地铁里捡到的。"迪克说，"准确地说，是一个巫师睡着后错过站点，急忙忙跑下去，落在地铁的椅子上的。"

"里面装的是什么？"美娜轻声问。

"数不清的金币。"迪克神经兮兮地说。

它还没说完，钱袋里突然蹿出一缕青烟，幻化成模样丑陋的妖怪："胡说。"

"那是多少？"霸王猫可是见过大世面，并没有被这个妖怪吓退。

"三个钱袋里的金币，分别为1998，998，98个。"

众多的猫简直不敢相信自己的耳朵，一问再问，都得到了相同的答案。

"那么，现在这三袋金币，是不是归我们所有了？"伯爵问。

"想得美。"妖怪吼道，"连那个匆忙中把我扔下的巫师都没有得到一个金币呢。"

"也许，我该想办法放火烧掉你。"脾气暴躁的迪克说。

妖怪的语气突然软下来："烧掉我，你们一个金币也得不到。想要拿到金币，可是要付出代价。"

"什么代价？"美娜问。

"不管是哪一只猫，只允许你每次从三袋中各拿掉一个或者相同个数的金币，或者由任意一袋中取出一半的金币放入另一个袋中。总之，不管怎么取，你们得把三袋金币都取光。"

最先尝试的是迪克，它试了几次，都失败了。

伯爵也朝钱袋里探手，它先是拿了10个金币，又掏了50个，直累得满头大汗，也没有按照上面的方法把金币取光。

接下来霸王猫、伊薇以及蕾特，也都试着取了金币。

众多的猫累得气喘吁吁，却全都以失败告终。

妖怪得意地笑着，越笑身体变得越大，可是，母猫美娜的一句话，又让它身体缩小到原来的大小。

"将三个钱袋里的金币都取光是不可能的。"美娜冷静地说。

"为什么？"妖怪吃力地吞咽着口水。

"这是因为，三袋金币的总和是1998+998+98=3094，3094除以3，等于1031，后面还余1个金币呀。"母猫美娜说。

"也许是你猜的，说清楚。"妖怪没底气地说。

"因为每次拿的金币总和是3的倍数，也就是不改变金币总数被3除，而这样有余数。"美娜胸有成竹地说，"所以，三袋金币被取光是不可能的。"

美娜刚说完话，妖怪突然化作一缕青烟消失了。

三个钱袋跳到空中，口朝下，顿时，金币像雨点一样滚落下来。这一次，迪克可是发了大财。但它天生不爱财，慷慨地把金币全都推进了猫城的国库里。

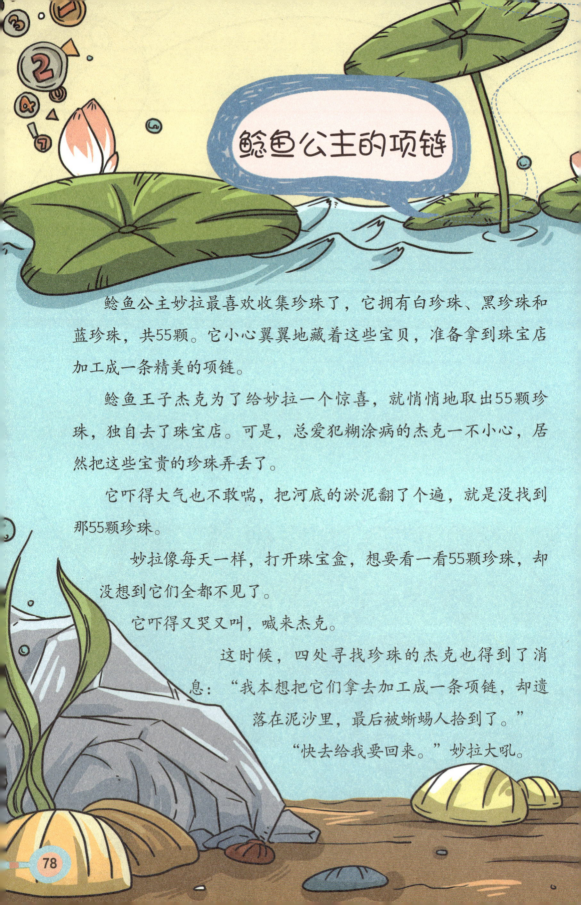

鲶鱼公主的项链

鲶鱼公主妙拉最喜欢收集珍珠了，它拥有白珍珠、黑珍珠和蓝珍珠，共55颗。它小心翼翼地藏着这些宝贝，准备拿到珠宝店加工成一条精美的项链。

鲶鱼王子杰克为了给妙拉一个惊喜，就悄悄地取出55颗珍珠，独自去了珠宝店。可是，总爱犯糊涂病的杰克一不小心，居然把这些宝贵的珍珠弄丢了。

它吓得大气也不敢喘，把河底的淤泥翻了个遍，就是没找到那55颗珍珠。

妙拉像每天一样，打开珠宝盒，想要看一看55颗珍珠，却没想到它们全都不见了。

它吓得又哭又叫，喊来杰克。

这时候，四处寻找珍珠的杰克也得到了消息："我本想把它们拿去加工成一条项链，却遗落在泥沙里，最后被蜥蜴人拾到了。"

"快去给我要回来。"妙拉大吼。

　　"它说了，既然我们这样爱那些珍珠，就得说出每种颜色珍珠的数量。"杰克咧嘴笑，本以为妙拉会一口说出来。

　　却不料，妙拉呜呜哭起来："我从来也没有想过它们会丢，没记过每种珍珠有多少颗。"

　　这下可糟了，夫妻俩想来又想去，决定马上去找蜥蜴人。

　　"想要拿回去也简单，"蜥蜴人说，"回答我，每种颜色的珍珠各有多少颗？"

　　"12颗白珍珠？"妙拉猜测着。

　　蜥蜴人摇摇头。

　　"黑珍珠有40颗？"妙拉急得满头汗。

"不对，全不对。"蜥蜴人开始不耐烦，"猜来猜去可不好。还是想好了再来告诉我。"

它关门谢客，鲶鱼夫妻俩急得团团转。

"别急，"绿毛龟突然从水底钻出来，"我记得蜥蜴人在数珍珠的时候说过，其中任意两个数的和都是一个完全平方数。"

妙拉眨眨眼，把眼泪挤出来。

杰克吹起了胡须："三种颜色的珍珠加起来有55个，而且任意两种珍珠数量的和都是一个完全平方数，所以这三个平方数的和肯定是

55×2＝110。"

绿毛龟露出高深莫测的神情：
"当时，蜥蜴人也是这么说的。"

夫妻俩再问，它却摇头：
"你们爱珍珠，就该付出努力得到它。"

"让我来。"妙拉不沮丧了，"小于55的完全平方数有1，4，9，16，25，36，49这七个数。"

它用鳍在河底的泥沙上写来写去，最终得出："25+36+49=110。所以就可以求出这三个自然数了。"

"赶快说说看。"杰克有点儿不相信。

　　"根据每两个数之和分别是25，36，49，三个自然数的和是55，所以这三个自然数分别是30，19，6。"

　　杰克高兴极了，马上拉着妙拉去找蜥蜴人。

　　"既然你们知道珍珠数量了，就说说这样算的理由。"蜥蜴以为是绿毛龟告的密。

　　"三种颜色的珍珠中，任意两种珍珠数量的和分别是25，36，49。"妙拉说，"用55-25=30，55-36=19，55-49=6，就计算出我的珍珠的数量了。"

　　蜥蜴人把珍珠归还给妙拉，千叮咛，万嘱咐，要它以后别粗心大意。经过这次教训，妙拉可不想再让珍珠离开自己了。它马上找到珠宝匠，制作了一条精美的项链。

地下城里的
电影院

地下城里建了一座电影院，这可真是一件轰动的大新闻。自从电影院建好，地下城里的众多动物们都排着队去看电影。

电影院很大，每排是29个座位，总共有31排。每场电影都座无虚席。

猞猁王莫多看过一场电影后，出现了不满情绪："我坐的位置

不太好，再加上前面的观众总是站起来，有许多画面都没看到。"

霸王猫也在为这件事生气："你说得没错，一到精彩的场面，前面的观众不是蹦起来，就是又吵又闹，我也错过许多精彩的画面。"

"该想个办法。"母猫伊薇说，"不如我们换一换座位，这样每个观众都能够看到最精彩的画面了。"

它们把这件事告诉了电影院的穿山甲老板托博。

托博说："这个主意当然好，但具体能不能换，你们得现场试试看。因为座位实在太多了，我也说不准能不能实现。"

众多的猫与猞猁又买了电影票，坐在里面看电影，在电影中场时，它们开始换座。

"嘿！"霸王猫气得直跳，"我换了两次，怎么又换回原位？"

母猫妮娜与伊薇也连连抗议，因为这样换来换去，它们错过了许多精彩的画面。最主要的是，事情并不像它们想象得那样简单。有些观众想换，却没有座位可换。

它们一同找托博评理。

托博耸耸肩，画出了电影院的平面图。

"你们瞧。"托博边说边在平面图的四个角上涂上黑颜色，"假设四个角为黑格，那么这个长方形总共有450个黑椅子，449个白椅子。"

"这么多黑格与白格，一定可以互相交换。"公猫迪克叫道。

托博却摇摇头："你们要求每个观众都要跟它相邻的一个观众交换位置，也就是要求每一个黑格和白格必须互换。可是，黑椅子和白椅子的总数是不相同的，所以这是不可能办到的。"

猫国里的猫与猞猁国里的猞猁们大失所望，都大吵大闹，以后再也不来看电影。可是电影实在太好看了，它们不想错过，又纷纷好言好语地请托博帮忙。

托博可是一个有爱心的家伙，何况，电影院这样受欢迎，它简直高兴极了。

它想了一个好办法，又加了一些白椅子，使白椅子与黑椅子的数量一样多。这样下来，所有的观众都可以调换位置，可以看到所有精彩的画面，它们来电影院的次数更多了。

老猫与蛐蛐下棋

"它们在干什么？"地下城里，猞猁弗伦探头探脑，盯着荣耀石上的老猫罗浮与蛐蛐爷爷。

罗浮与蛐蛐爷爷的面前有一个大棋盘，但它们不是在下棋，而是飞快地把黑白棋子从棋盘里拣出来。

"也许在毁棋。"猞猁虫虫也发现了这个不同寻常的举动。

"可是，我从未见它们毁过棋。"路过此地的霸王猫也停下脚步。

三个家伙盯着罗浮与蛐蛐爷爷，都感到一头雾水。

"走！"霸王猫奔上荣耀石，"上去瞧瞧不就知道了。"

弗伦与虫虫跟着霸王猫，爬上了荣耀石。

询问过情况后，它们更感到吃惊了。

"棋盘上共有40粒棋子。"罗浮说，"我与蚰蜒爷爷轮流拿。谁拿到最后一粒，谁就是胜利的一方。"

"这也叫下棋？"虫虫瞪大眼睛，不敢相信地问。

"当然不是。"罗浮说，"但只要谁最后一个拿到棋子，就可以先在棋盘上下棋。谁可以先走棋子，这对我们来说，是至高无上的荣耀。"

"别高兴得太早。"蚰蜒爷爷紧绷着面孔，"我们每次只能最多拿3粒，最少拿1粒，不能不拿。"

弗伦吐吐舌头，它琢磨着，这真是两个老顽童。

可是，转念一想，弗伦转动着眼珠，这难道说不是一个好游戏吗？

瞧瞧！地下城的下午多么无趣啊。要是能在棋盘上比一比，那会度过一个与以往截然不同的下午。

弗伦搓着手指，看向蛐蜒爷爷："依我说，还是让我来代替你吧。"

"那就让你拿。"蛐蜒爷爷说。

罗浮抬了一下眉毛，心想，既然蛐蜒爷爷这么威风，找到弗伦代替，那自己也不该亲自出手。

"你来。"它揪着虫虫的脖领说。

霸王猫最喜欢看热闹，它大叫大嚷，让比赛赶快开始。

"好。"虫虫叫道，"我来就我来。"

弗伦伸手拿了1粒棋子。

虫虫可是很聪明，它眼珠转了转，就拿了3粒棋子。

弗伦一瞧，又拿了2粒棋子。虫虫马上也拿了2粒棋子。

当弗伦拿了3粒棋子时，虫虫拿了1粒。就这样不断地重复，虫虫居然做到最后一个拿棋子。

罗浮最终获胜，高兴得又蹦又跳，一不小心还吹掉了一根胡须。蚰蜒爷爷虽然输掉了，但看到老猫这滑稽相，也跟着哈哈笑起来。虫虫、弗伦和霸王猫相视而笑，耸耸肩，从荣耀石上溜下来，这真是它们度过的最美好的下午。

"让我来摇一摇。"蝗虫鲍勃有一个存钱罐,它省吃俭用,把省下的钱都塞进存钱罐里。这么做虽然可以积攒一大笔钱,但也经常遇到麻烦事。

鲍勃抱着存钱罐,想着它的魔力彩笔:"一支魔力彩笔是10元钱,我得取出一些硬币,把那支笔买到手。邦妮与普里一定非常喜欢。"

它把眼睛放在存钱罐的出口上,盯着里面明晃晃的硬币:"这里面有1角的,2角的,5角的。把它们分别按不同的方法组合,每次取出1元,不能重复,并且能凑够10元,该怎么办呢?"

为了这件事,它一夜也没怎么合眼,不停地自言自语,晃动存钱罐。所以,被吵醒的蜈蚣普里与蛐蛐邦妮第二天一早就敲响鲍勃的房门。

鲍勃把自己的烦恼告诉了它们。

普里摇晃着存钱罐:"我们可以试试。"

"用不着这样头痛。"邦妮说。

"我试了一个晚上,都无法完成。"鲍勃说,"你们也知道,我一向非常节俭,舍不得浪费和弄丢一个硬币的。"

这普里与邦妮早就知道,它们经常看到鲍勃像抱着宝贝一样

　　搂着它的存钱罐。

　　"把它交给我，我想到办法了。"普里抱过存钱罐，把出口对着自己的眼睛摇，先是摇出10个1角的硬币。

　　"你瞧。"普里说，"这是一种取法。"

　　"给我。"邦妮抱过存钱罐，取出5个2角硬币。"这又是一种取法。"

　　鲍勃眼前一亮，它倒出了2个5角硬币。

　　"还有呢。"邦妮说，"我们可以用1角和2角的尝试一下。"

　　它取出8个1角和1个2角的硬币，又取出6个1角和2个2角的硬币。

　　普里也不甘示弱，取出4个1角和3个2角的硬币，又取出2个1角和4个2角的硬币。

　　"还可以用1角和5角的。"鲍勃摇晃着存钱罐，倒出1个5角和5个1角的硬币。

　　"可以三种硬币同时用。"邦妮说着，倒出1个1角、2个2角和1个5角的硬币，又倒出3个1角、1个2角和1个5角的硬币。

"这几种取法加起来，正好是10种。"普里叫道，"你的难题解决了。"

鲍勃以为自己听错了，它眨眨眼，把床上的硬币数了又数，不禁惊叫道："你说得没错。10种取法，没有重复，每种拿法正好是1元钱，正好组成了10元钱。我可以拿着它去买魔力彩笔，也不用担心弄丢多余的硬币啦。"

它一溜烟似的去买魔力彩笔，普里与邦妮也十分期待，趁着地下游乐园还没有开门营业，也都跑向文具店，想见识一下魔力彩笔究竟有多神奇。

扑克牌里隐藏的秘密

"哥哥，你该起床了。"小青虫苏珊不满地叫醒哥哥。

最近，大青虫的行踪总是神神秘秘，昼伏夜出，要到天亮才回来，一整天除了睡觉，就是躲在被窝里，不知在研究什么东西。

大青虫把脑袋探出一半，又蒙上了被子："不要打扰我，我很困。"

"可我知道你根本就没睡。"小青虫说，"你在被窝里干什么？"

趁大青虫不注意，苏珊掀起被子，一摞纸牌像秋天的落叶一样飘荡起来。

大青虫只好实话实说："人面蛾家最近来了一位神秘客人，会使用各种魔法，变什么像什么，想吃什么有什么。我去看热闹，它传授给我一套扑克牌的技巧，并告诉我，只要我把它研究清楚，以后哪怕想变成大象的模样，也是轻而易举。"

大青虫跳起来，抓住妹妹的手："我们虫子在森林里简直太渺小了，只有学会这项技能，我才可以保护你。"

苏珊不吵了，也很对这副牌着迷："告诉我，到底是怎么回事？"

大青虫飞快地转动着纸牌："有方片A到方片9共九张扑克牌，将它们按照下图排列成一个三角形的形状，使得三角形各边的数字之和都相等。那个神秘客人所给出的三角形的各边的和为20。它说，只要清楚能满足这个要求，可以有多少种不同的方法，就

可以实现愿望。"

苏珊盯着纸牌："很简单，把扑克牌转个圈，使得其他两边的任意一边靠近你，这样不就行了？"

"不行。"大青虫摇着头，"因为它们的顺序还是一样的。"

"那将7，3，8调换成4，5，9，同时互换A和6呢？"苏珊问。

"你真是比我聪明多了。"大青虫说，"这一点我想了好久才想到。不过，这也不能算不同的方法，因为它们只是互换了。"

看着苏珊沮丧的模样，大青虫马上说："但是，如果只改变A和6，那就是不同的解答了，因为三角形周围的顺序不同了。"

它摆出下面的牌阵：

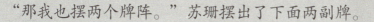

　　"那我也摆两个牌阵。"苏珊摆出了下面两副牌。

　　"我摆的这两套牌说明，扑克牌按照要求排列的最小的数值是17，最大的数值是23。"苏珊说。

　　"那又怎样？"大青虫似乎看出了点眉目。

　　"这样，我们就可以看出，中间的两张扑克牌总可以互换，但不影响条件，我认为这样是可以的。"苏珊说。

　　虫兄妹飞快地翻弄着纸牌，按照上面的方法，先找到了8种基础排列方法。

　　"你看，这些基础排列方案总共有16种。"苏珊说，"分别是，有2种相加到17，4种相加到19，6种相加到20，4种相加到21。"

　　"你还忘了一个。"大青虫边看着牌，边

说，"还有2种相加到23，一共有18种。"

苏珊点点头："这些基础排列乘以8，就可以得到满足条件的不同排列144种啦。"

"天哪，真让人意想不到。"大青虫兴奋得跳起来。

它喊自己变大象，突然感到身体在膨胀。要不是眼疾手快的小青虫把它推出虫城堡，它就把小屋给撑坏了。

这头大象很奇怪，它既可以在地上跑，又可以在空中飞，它载着小青虫，第一次像雄鹰一样翱翔在天空，欣赏壮观森林的景象。

美娜的餐厅

母猫美娜由于厨艺精湛，不仅受到猫城里所有猫们的热情拥戴，在整个地下城里也很有名气。

为了感谢这些支持自己的动物们，美娜开了一家餐厅。

自从餐厅营业，每天被猞猁、穿山甲和公猫们挤得水泄不通。美娜不仅煮出的食物非常美味，还用非常大的盘子盛食物和非常大的杯子装饮料。

每一个动物走后，都意犹未尽，大嚷着明天还来。就这样，来餐厅里的食客越来越多，每一批来的客人数量也不断地增加。

星期日的早晨，美娜开门营业，发现门口早就等待了16只猞猁。

"这真是让人头痛啊。"美娜打开门，让猞猁们进来，"我餐厅的桌子，每张桌子只能坐4位客人。"

猞猁们齐声嚷："不管用什么办法，我们一定要坐在一张桌子旁！"

这些客人可是奔着自己精湛的厨艺来的，不能让它们扫兴而归。

美娜思来想去："你们先每4位坐一张桌，我马上就可以想办法让你们坐在一起。"

猞猁们呼啦啦全挤满了餐桌，喝饮料，大吵大嚷，让美娜感到一阵头痛。

"这么多客人，别说坐一张桌子，就是坐不同的桌子，也很难安排。"美娜瞪起眼，"但我一定要想一个好办法。餐厅以后也许还会一同来更多的客人。"

为了安排好客人，它又加了一张桌子。

美娜灵机一动，欢快地叫道："趁着美味还没有做好，我们不如来做一个游戏。"

一听说有游戏可做，猞猁们全都欢呼起来。

"你们试着搬动这些桌子，看如果把桌子拼凑在一起，一共有多少种坐法，我

想，最后总能找到你们满意的。"美娜说。

猞猁们正愁着等菜的时间太无聊，连忙点头同意。

"我有主意了。"猞猁王莫多说，"16＝6＋6＋4。其中有4张可以2张桌子并一起，还需要1张单独摆放的桌子，总共需要5张桌子。"

"我也想到了。"猞猁侦探总管瑞森说，"16＝8＋4＋4。将3张桌子并一起，可以坐8只猞猁，剩下的8只分别坐2张桌子，总共需要5张桌子。"

"我也想到一个好办法。"猞猁虫虫说，"16＝8＋8。将3张桌子并一起，可以坐8只猞猁。所以两组3张桌子可以坐16只，总共需要6张桌子。"

　　"这不是最终的结果。还有16=10+6。将4张桌子并一起，可以坐10只猞猁，剩下的6只坐2张并一起的桌子，总共需要6张桌子。"莫多说。

　　"依我看，还有呢。16=12+4。将5张桌子并一起，可以坐12只猞猁，剩下的4只单独坐1张桌子，总共需要6张桌子。"瑞森说。

　　猞猁们越玩越开心。

　　"可是，你们摆的全不行。"虫虫说，"我们没有坐到一起。我有主意啦！1张桌子可以坐4只猞猁，每并1张增加2个位置，则16只时，需要7张桌子并在一起。"

　　当看到这一长串的桌子，所有的猞猁们都欢呼起来。这时候，美娜的美味端上来了，猞猁们享受了难得的美味，而且还坐在同一张桌子上。

海娜与碧娜的大蛋糕

又到了大雪封河的季节，果子狸海娜与碧娜乘坐雪橇由地下河进入了地下城。它们还带来了一块巨大的蜂蜜枣糕。

"表哥，每年冬季我们都来这里过冬，"海娜说，"都受到你无微不至的照顾。所以，想要送你一件礼物。"

"这块枣糕是我与姐姐亲手做的。"碧娜说着，把蛋糕推到托博眼前。

不仅托博，此时所有的穿山甲口水都流了三尺长，刺猬布鲁连走路都摇摇晃晃了。

"不。"托博连连摇头，"应该分给大家。"它搂过布鲁与贝雅："你们也不例外。"

众多的穿山甲刚要扑上来，被海娜与碧娜拦住。

"虽然所有的穿山甲都有份，但你辛苦照顾我们，分枣糕的任务该由你来完成。"碧娜说。

托博欣然同意，它十分喜欢这个任务。

但转念一想，它看向两个表妹："枣糕是你们制作的，你们也应该与我一起分。"

海娜与碧娜点头同意。

托博提着刀，奔向枣糕，不巧半路被穿山甲杰伦克拦住。

"不能轻举妄动。"杰伦克叫道。

穿山甲与果子狸们吓坏了，以为枣糕里藏了妖怪。

没想到，杰伦克笑起来："谁都知道团结力量大。你们兄妹三个，可以证明给我们看了。"

托博、海娜与碧娜全都瞪大了眼，不明白杰伦克到底在说什么。

"你们轮流切一下枣糕。"杰伦克说，"海娜与碧娜先切，枣糕最多可以分几块。之后，就是你了，到了最关键的环节，看你这一刀切下去，最多能切出几块。"

托博把刀交给海娜。

海娜对着枣糕研究了一番，用刀在正中把它一分为二。

"现在已变成2块。"果子狸与穿山甲和刺猬们欢呼着。

碧娜握着刀，对着枣糕研究了一会儿，又在正中切了一刀。

"现在，变成了4块。"下下城里的欢呼声更热烈了。

碧娜把刀交给托博。

托博提着刀，在巨大的蜂蜜枣糕前走来走去："我这刀最关键。如果切错，那么，枣糕很可能分不了那么多块。可是，我爱我的表妹们，我们团结起来，力量才最大。"

它把刀倾斜着搭在枣糕上，又竖着搭到枣糕上。

果子狸与穿山甲们摇头又叹息，认为这样分没什么好结果。

托博又试着把刀朝另一个方向倾斜，两次下去，下下城里的反对意见更强烈了。

"大小太不一样。"穿山甲们叫道。

果子狸也跟着抗议。

托博走得小心翼翼，它不敢再鲁莽下刀，就这么转了几圈，它被一颗石子绊倒，

脑袋差点扎到枣糕上，突然有了主意。

它一刀把整个巨大的枣糕横着从中间拦腰切断，这时候，所有的穿山甲与果子狸都欢呼起来。

"每块一样多，一共有8块大枣糕。"杰伦克拍手叫好，"穿山甲与果子狸加起来，一共由八个首领带领，正好可以分成八组。现在，每一组都可以分到同样大小的一块大枣糕。这样再分起来，就非常容易了。"

托博真是聪明，通过它巧切枣糕，使大伙都分到同样多的一块，它们更团结，也更加友好了。

龙兄弟再次闯密室

"又在睡懒觉。"黑龙凯西巡河回来，发现表哥黄龙犹利居然还趴在石头上睡觉，不禁气得直翘胡须。

犹利摇摇晃晃地爬起来："每天都重复一项工作，真是枯燥又乏味。"

"可这是我们的本职工作。"凯西虽然这么说，也觉得没有意思。

自从从老女巫那里解脱出来，它们就一直在地下河干着巡河的工作。起初，它们畅游无阻，每天过得快快乐乐。

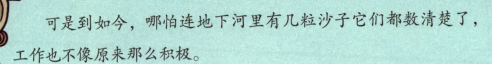

可是到如今，哪怕连地下河里有几粒沙子它们都数清楚了，工作也不像原来那么积极。

它们又萌生了冒险的念头。

兄弟俩一拍即合，溜出地下河，又闯进地下城里最阴暗的角落——女巫的密室。它们本以为，冒一次险，满意而归，却没想到，居然被困在密室的地窖里。

"放我们出去。"凯西气得大吼。

"是你们自己进去的。"蜘蛛奥维瞪起眼睛，"多年以前，你们闯进来，已经打扰了我的安宁。如今，又闯进来，真是自讨苦吃。你们该为此付出代价。"

不管两兄弟如何请求，奥维连眼睛也不眨一下，继续目不转睛地盯着有可能飞到蛛丝上的昆虫。

它的家就在地窖上面。

犹利呜呜地哭，一想到变成鼻涕虫的自己，它就不寒而栗。"我们完了。多年前，我就是因为掉进这里，被女巫发现，变成鼻涕虫的。"

凯西也很害怕，它可是见过表哥变成鼻涕虫的模样，更深刻地体会过在这阴暗的密室里忍饥挨饿的时光。

"老女巫最喜欢设陷阱。"凯西叫道，"而它会在每一个陷阱里设上一个机关，谁能闯出去，谁就有机会逃走。"

"这里也有。"奥维终于说话了，用爪子弹它的蛛丝，"就在这里面。"

蛛丝突然下降，覆盖了整个洞口，上面出现了2、4、6、8、10、12、14、16这8个数字。

犹利小心翼翼地碰了2一下，它冒出一片白光。

它又碰了一下4，同样冒出一片白光。

犹利又碰了一下2，接着又碰了一下2，这时候，冒出一片黑雾，呛得它们直咳嗽。

"蠢货。"奥维说，"这些黑雾有毒，只要被熏上三次，必死无疑。"

"告诉我们，这里藏了什么秘密。"凯西问。

"做梦。"奥维吐出一股蛛丝，掉在了凯西的脸上。

龙兄弟不敢轻易再碰数字。犹利与凯西研究了半天，它们有了主意，也许每一个数字碰一下，这个机关就会解除。

它们试着做了，除了白光，什么反应也没有。

"再试一次。"犹利不等表弟说话，就又碰了一下上面的数字，这一次，一股黑雾冒出来，吓得它们魂都要丢了。

"傻瓜，再有一次，我可就要享用美味了。"奥维尖声尖气地笑着，"别看你们威风无比，可是被熏死了，就不能再耀武扬威了。"

"别高兴得太早。"凯西叫道，又安慰情绪激动的表哥，"记得你刚才碰那些数字吗？你碰了一下2，又碰了一下4，说明这一次对了，因为冒的是白光。而你碰两次2，冒出黑雾，说明这一次错了。同样，我们分别碰了这几个数字，冒出的是白光，而第二次又重复一遍，冒出黑雾，说明第一次是正确的。"

"我就瞧出你们是笨蛋龙兄弟。"奥维假惺惺地说，"看在一会儿要吃掉你们的份上，我就向你们透露一点儿。从这些数字中，任意取两个，组成一道乘法算式。你们必须一个不落地把所有的积都找出来。"

凯西大叫一声："嘿，你无法吃掉我们，我有办法了。"

正在抹眼泪的犹利破涕为笑："赶快行动。"

凯西先用手指点了一下2，又分别点了4，6，8，10，12，

14，16。这时候，空中出现了7种不同的积，闪出红光，有一部分蛛丝消失了。

"我想，我也能试一试。"犹利先点了一下4，又分别用手碰触了6，8，10，12，14，16几个数字。空中又出现6种不同的积，红光过后，又有一部分蛛丝消失了。

凯西又碰触了6，后又分别用手指点了8，10，12，14，16，出现了5种不同的积。

犹利用脑袋撞了一下8，又分别撞向10，12，14，16几个数字，空中出现4种不同的积。

"马上就要解除了。"凯西兴奋地叫道，用尾巴弹了10，又分别碰触12，14，16，得出3种不同的积。

这时候，覆盖洞口的蛛丝越来越少了。

犹利用手轻轻弹了一下12，又分别碰了14，16，这时候出现2

种不同的积，而蛛丝一丁点儿也不剩了。

　　奥维吓坏了，连忙想要逃走，凯西飞快地碰了一下飘在空中的14与16。这时候，已经出现了7+6+5+4+3+2+1=28种不同的积。随着空中的最后一个积出现又消失，奥维一个跟头掉进了陷阱里。

　　"救我出去。"奥维哀求。

　　龙兄弟看着奥维可怜，就把它拉出陷阱。可是，没有了蛛丝，它就无法再得意扬扬了，接下来的几个月时间里，恐怕它都要忙着织蛛丝了。有了这次冒险，凯西与犹利不再觉得巡河枯燥，至少暂时它们不想再冒险了。

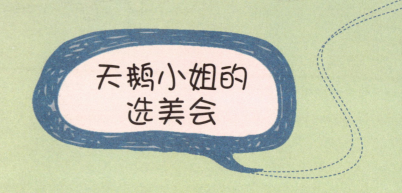

一听说天鹅小姐要举办选美大赛，青蛙三姐妹兴奋得连觉也睡不着了。它们认为自己是世界上最美丽的青蛙，一定要参加选美大赛。

但在选衣服上，它们遇到了难题。

"抚养34只小青蛙，真是头痛的事情。"青蛙丽莎说，"我几乎把金币全用在它们身上，没给自己添过几件衣服。"

"我何尝不是。"青蛙蔓达说，"只有一条好看的牛仔裤。"

"我只有一条百褶裙。"吉莉说，"与你们一样，自己可以花的钱实在少得可怜。"

三姐妹去翻自己的衣箱，除了吉莉与蔓达的漂亮衣服，丽莎翻出一件针织衫和一件衬衫，还有一条弹力裤。

有好一会儿，姐妹们沮丧地坐着，谁也不理谁，都想着自己真可怜。

"是谁在哭泣？"蛤蟆老兄来串门，蹦蹦跳跳跑进门。

三姐妹把自己的不幸处境告诉了蛤蟆老兄。

"依我看，这可没多难。"蛤蟆老兄说，"你们三个，可以把衣服搭配着换，就凭你们完美的身材，一定会夺冠，把大奖捧回家。要知道天鹅小姐可是有名的服装设计师，一定会送给你们最漂亮的衣服。"

三姐妹蹦蹦跳，越跳越想笑。

它们乱作一团，纷纷挑拣适合自己的衣服。

"别急。"蛤蟆老兄说，"我听大公猫迪克带回的消息，说每个参赛的选手，可以换两次衣服上场。"

青蛙姐妹们更高兴了，可是很快就哭起来。

"换一次可以，换两次我们的衣服肯定不够。"丽莎忍不住抹起眼泪。

"这可不见得。"蛤蟆老兄摆摆手，"让开。"

它把衣服全捧在手里，眼睛一转，有了主意："你们三个全站好。"

丽莎、蔓达与吉莉站好，盯着蛤蟆老兄。

蛤蟆老兄瞅瞅丽莎，把两件衣服扔给它："你最适合针织衫与牛仔裤。"

它又走到蔓达身边："你穿针织衫与弹力裤，真是无与伦比。"

走到吉莉身边，蛤蟆老兄扔到它身上针织衫与百褶裙："这两件非你莫属。"

三姐妹又蹦又跳，现在，它们每个都有了漂亮的衣服，而且一共是3种搭配。

但它们还没欣赏够，蛤蟆老兄就把衣服扯回来："别急，还有……"

它走到蔓达身边："衬衫与百褶裙搭配起来，你穿在身上，真是美丽极了。"

"我呢？"吉莉着急地叫道。

蛤蟆老兄有模有样地比画着，扔给吉莉衬衫与牛仔裤："穿上穿上，你就变成我最漂亮的表妹了。"

轮到丽莎了，它拥有了衬衫与弹力裤。

现在，青蛙姐妹们每个有2种不同的穿法，一共有6种不同的穿法。这样，它们上台比赛两次，就不会重复穿衣服了。

选美比赛开始了，由于蛤蟆老兄的精心搭配，青蛙三姐妹居然得了并列第一名。它们不仅得到奖牌，还真的得到了天鹅小姐送的美丽衣裳。

黛拉的百变地毯

飞蛾黛拉得到了一块与众不同的地毯。之所以说它与众不同，并不是因为它是白颜色，而是可以通过自己染色，变换出许多不同的颜色，而且，只要用水一洗，它又可以变回原来的颜色。

自从客厅里铺了这块地毯，它每个星期都要把地毯洗一洗，之后，再涂上喜欢的颜色。

人面蛾、大青虫和小青虫苏珊每个星期都会来做客，每一次都会有不同的惊喜。

可是最近，飞蛾黛拉的情绪却有点儿低落了。

"能告诉我你的伤心事吗？"苏珊问。

"这块毯子是老树精送给我的。"黛拉说，"它还送给我四种颜色的刷子，只要往上面一涂，就会出现四处不同的颜色。可是最近我发现，能涂的颜色都被我涂过了，以后它只能涂重复涂过的颜色了。"

看着黛拉难过，人面蛾很是着急。它琢磨着，想帮黛拉把毯子涂上更多的不同的颜色。

自从拜访完黛拉，人面蛾吃饭、睡觉，甚至接待朋友时都想着这件事。

"你一定有什么心事。"飞天鼠的眼珠转了转，猜测说。

人面蛾把自己的心事告诉了飞天鼠。

飞天鼠一直在维拉斯赌城当总管，它认识的朋友很多，见识也广，马上根据人面蛾的描述画了一张图。

"你画得一模一样。"人面蛾叫道

"如果是这样，就好办了。"大盗飞天鼠说，"这跟赌城里的有些游戏很像。"

它握着铅笔，背着手，在桌边走来走去："想要弄清楚毯子能涂多少种颜色，我们得用公式算一算。"

人面蛾立即来了精神："要怎么算？"

飞天鼠拿笔在纸上比画着。"你瞧，当相间区域ACE着色一样时，有4种填色方法，此时，BDF各有3种着色方法。"

飞天鼠拿笔飞快地涂着，给人面蛾做演示："所以，可以列出算式4×3×3×3，一共有108种涂法。"

"天哪。"人面蛾叫道，"这样下来，至少有108个星期黛拉可以变换毯子的颜色。"

"远不够。"飞天鼠扬起头，又新画一张地毯，接着拿铅笔比画，"当相间区域ACE着两种不同颜色时，若CE两区域同色，则A区着色可选4种，CE可选剩下的3种，因此ACE三区域有4×3，也就是12种方法。"

人面蛾跟着飞天鼠走来走去，也有了主意："这么说，若AC同色，同理12种方法；AE同色，也有12种方法，所以ACE三区域着色有12＋12＋12，也就是36种方法啦？"

"看来，你的脑筋也活跃起来了。"飞天鼠点点头，"正是这么回事。当BDF有3×2×2种方法，综合起来，共有36×3×2×2，也就是432种方法。"

"真不敢相信，一块普通的毯子，4把刷子。"人面蛾叫道，"居然有这么多种涂法。"

飞天鼠摇摇头，神秘地说："还没有结束呢。"

它拿笔朝纸上一指："看这里。当相间区间ACE着三种不同颜色时，共有4×3×2，也就是24种方法。"

"我也看到了。"人面蛾叫道，"此时BDF各有2种着色方法，因此总共有24×2×2×2，也就是192种方法。"

人面蛾又是叫又是跳，高兴得一把搂住了飞天鼠。

飞天鼠好不容易才挣脱人面蛾："先别急着高兴，我们算一算，究竟有多少种涂法。"

人面蛾飞到桌子上："第一次，我们计算，有108次涂法。"

飞天鼠说："第二次，有432种涂法。"

"第三次。"人面蛾说："一共有192种涂法。"

"把它们加起来。"飞天鼠拿着笔，飞快地在本子上计算着，"哈，一共有732种涂法。"

人面蛾不顾飞天鼠还在家里做客，一个跟头翻出窗外，朝飞蛾黛拉家赶去。正当黛拉与人面蛾在黛拉的城堡分享这个好消息时，飞天鼠一眼瞅到了人面蛾的糖罐，别看它是大总管，但也是只嘴馋的老鼠，一次往杯子里加了两块大方糖，喝完茶，高高兴兴地溜走了。

狐狸默默的自行车

　　狐狸默默最近打听到一个消息，邮局里买了助动车和自行车。作为邮递员，它十分想得到一辆自行车，却不知道邮局会不会配给它一辆。

　　"你知道，我一向喜欢偷偷摸摸，也经常从包裹里拿东西。"默默盯着自己的大皮鞋，"局长早就知道这件事，我想它是不会给我自行车的。"

　　"别那么沮丧，"白眉黄鼠狼拍拍默默的肩膀，"为什么不分析一下？"

　　"分析？"默默抬起脑袋。

　　"一共买了多少辆？"白眉黄鼠狼问。

"不知道。"默默摇摇头。

"这确实有点儿难办。"白眉黄鼠狼咕哝着，又看向默默，"一共花了多少钱你知道吗？"

"我听说，好像是11700元。"默默想了一下说。

"这么多钱。"白眉黄鼠狼听得直流口水，"能买多少条烤鱼呀。"

白眉黄鼠狼被默默推了一把，它才装腔作势地抬起头："照我看，花这么多钱，一定买了许多助动车和自行车。"

"我也是这么想。"默默说，"可是，也许就差那么一辆，就没有我的。"

"你们一共有多少个员工？"白眉黄鼠狼问。

"负责接收邮件的有3个。"默默说，"它们平时会使用助动车。"

"其他的呢？"白眉黄鼠狼说，"比如像你这样的。"

"有12个。"默默说，"全是取送包裹的邮递员。"

"可不少啊。"白眉黄鼠狼再次拍拍默默的肩膀，"老哥我一定能帮得上你，但你得让我见到点甜头。"

默默从上衣口袋里掏出一条烤鱼，它知道白眉黄鼠狼早就闻到了，要不然，刚才它也不会提烤鱼的事情。

白眉黄鼠狼一口就吞掉了烤鱼："你知道助动车每辆多少钱吗？"

"邮局里的员工都在议论这件事，"默默说，"每辆助动车2500元。"

"那自行车呢？"黄鼠狼问。

"每辆自行车350元。"默默说。

　　"现在，难题解决一半了。"白眉黄鼠狼说，"通过这个我们就可以推算出，每种车买了多少辆。"

　　"真是异想天开。"默默气得跳起来，"每种车的价钱不一样，又花了这么多钱，根本无法算出来。"

　　"这是谁说的？"白眉黄鼠狼瞪起眼睛，"难道你偷东西的时候，没做过假设吗？假设你们邮局给接收邮件的那3个员工都买了助动车，会花掉多少钱？"

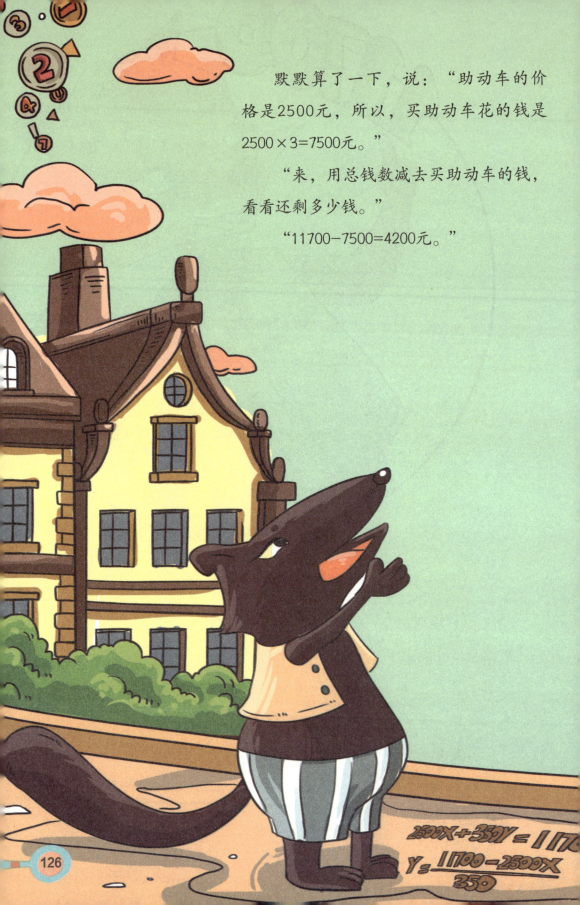

默默算了一下，说："助动车的价格是2500元，所以，买助动车花的钱是2500×3=7500元。"

"来，用总钱数减去买助动车的钱，看看还剩多少钱。"

"11700－7500=4200元。"

　　"好吧，接下来看看剩下的钱能买多少辆自行车。"白眉黄鼠狼催促默默，"快点算啊。"

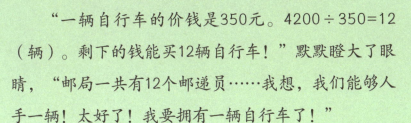

　　"一辆自行车的价钱是350元。4200÷350=12（辆）。剩下的钱能买12辆自行车！"默默瞪大了眼睛，"邮局一共有12个邮递员……我想，我们能够人手一辆！太好了！我要拥有一辆自行车了！"

　　"哈哈，伙计，恭喜你！"

　　默默哪里还听白眉黄鼠狼的话，早就一溜烟地跑进邮局，去取它的自行车去了。

臭鼬夫妻赠送汽车

地下城里有一个众所周知的秘密——臭鼬格潘先生与它的太太姬恩即便一向惹人讨厌，但还可以安安稳稳地生活在地下河道边的庄园里。这是因为格潘先生是一位汽车设计工程师。

平时，它很少露一手，总是遮遮掩掩，深居简出，把设计出的汽车卖到很远的地方。因为它一向认为，无论是猫国，还是猞猁国，或者是穿山甲国，谁也没有那么多金币可以买得起一辆汽车。

但建造城堡时，地下城里的许多居民都来帮忙，夫妻俩改变了主意。

　　"我得送它们一辆汽车。"格潘先生说，"而且，还得是世界上最先进的。"

　　姬恩太太很是赞同："它们全是好邻居。"

　　说动手就动手，庄园里整日关门谢客，不到一个月的工夫，一辆崭新的小汽车就制造出来了。为了感谢格潘先生与姬恩太太，地下城里所有的居民打算开一次感谢会，以感谢臭鼬夫妻的慷慨。

　　在准备要开感谢会的早晨，大公猫迪克开着车去接格潘先生。格潘先生本来也在家里等待，但格潘先生可是一个急性子，它等不及，傲慢地牵着姬恩太太的手，一起朝猫城的方向走去。

　　这一走，夫妻俩走了30分钟，才遇到开着汽车的迪克。

　　"我的裙子被露水打湿了。"姬恩太太很是不满。

　　"我的皮鞋上全是泥巴。"格潘先生吼叫道。

夫妻俩嘀嘀咕咕，不知说些什么，等到了猫城的荣耀石下，还彼此交换着眼色。

"我倒认为不晚。"大公猫迪克说，"离开感谢会还有10分钟的时间。"

"瞧你说的傻话，瞧我们这身模样。"格潘先生使劲地吸了一口气，"这辆汽车可不是白送的。"

猫、猞猁和穿山甲们吓坏了，以为格潘先生生气了，想把汽车开走。

格潘先生依旧一脸严肃："我可不是想要钱。但你们确实得付出点儿代价。"

猫、猞猁和穿山甲纷纷要它赶快说。

　　"你们谁能说出，我比约定的时间提前几分钟出门的？"格潘先生说，"在小汽车拉上我之前，我可是步行了30分钟了。"

　　众多的动物们面面相觑，都在心里飞快地计算着。

　　"还有第二个问题。"格潘先生说，"汽车的速度是我步行速度的几倍呢？"

　　这一次，地下城里可炸了锅。大家踢来推去，蹦蹦跳跳，东奔西走，想打听出谁知道了答案。

　　迪克扑到妮娜身上的时候，在它手里发现了一张图：

　　"这张图代表格潘先生从它的家里赶到我们这里的距离。"妮娜说，"格潘先生提前出门，使小汽车少行驶了AB这段路的

2倍。比约定的时间提前10钟到达会场。"

迪克提出疑问："从哪里看出是2倍？"

"去了，还得返回。"妮娜说，"当然是2倍啊。"

"妮娜说得没错。"猞猁王莫多挤进来，"而且，小汽车行驶AB这段路程，需要10除以2，也就是5分钟了。所以，汽车遇到它的时间，比约定来的时间提前了5分钟。"

"这时候，格潘先生已经走了30分钟。"穿山甲王托博说，"说明它提前了30+5，也就是35分钟。"

"那么，就说说汽车的速度是我的速度的多少倍吧。"格潘先生叫道。

"如果是这样，就很好算了。"黑龙凯西也来看热闹，"你步行了30分钟的路程，而小汽车只需要5分钟。很明显，汽车的速度是你的速度的6倍。"

令大家没想到的是，格潘先生并没有发火，抱怨自己的鞋子沾满泥巴，而姬恩太太也没有说大家太狂傲，不知感恩。它们全都微笑了，点点头，说汽车送得一点儿也不错，地下城里的动物最聪明了。

1. 一种服装原价350元，为了促销，降价50元销售，这种服装降价几分之几？

2. 甲容器中有浓度为5%的盐水200克，乙容器中有某种浓度的盐水若干克。从乙中取出800克盐水放入甲容器混合成9%的盐水。那么乙容器中的盐水浓度是多少？

3. 刘老师2013年6月1日把8000元存入银行，定期1年，如果年利率为3.25%，到期时，他共可以取回多少元？

4. 五名选手在一次数学竞赛中共得405分，每人得分互不相等，并且其中得分最高的选手得91分。那么得分最少的选手至少得多少分，至多得多少分？（每位选手的得分都是整数）

5. 一项工程，甲乙两人合作，36天完成。乙丙两人合作，45天完成。甲丙两人合作60天完成。甲、乙、丙单独完成，各需要几天？

6. 有一艘船行驶于120千米长的河中，逆行需10小时，顺行要6小时，求船速、水速各是多少？

7. 一艘货轮第一次顺流航行42千米，逆流航行8千米，共行驶11小时；第二次用同样的时间，顺流航行24千米，逆流航行14千米。问这艘货轮在静水中的速度是每小时多少千米？水流速度是每小时多少千米？

8. 小军用一根30米长的绳子测一棵树的直径，在树干上绕了10圈多了1.74米。这棵树的直径大约为多少米？

9. 从甲城到乙城，可乘汽车、火车或飞机。已知一天中汽车有5班，火车有3班，甲城到乙城共有多少种不同的走法？

10. 用9，8，7，6这四个数可以组成多少个没有重复数字的三位数？

11. 有62名学生，其中会弹钢琴的有11名，会吹竖笛的有56名，两样都不会的有4名，两样都会的有多少名？

12. 养鸡场原有鸡48只，其中母鸡占30%。今年又买进了一些母鸡，这时母鸡占40%，买进多少只母鸡？